中国地质大学(武汉)实验教学系列教材
中国地质大学(武汉)实验技术研究项目资助

液压与气压传动实验指导

YEYA YU QIYA CHUANDONG SHIYAN ZHIDAO

主 编 张 萌
副主编 朱显宇 张 娜
参 编 曹文熬 陆建军

内容提要

全书包括液压传动和气压传动两部分的实验内容,共分5章,第1章为液压元件拆装和分析;第2章为液压元件性能测试实验;第3章为液压传动与控制基本回路实验;第4章为气压传动与控制基本回路实验;第5章为教学实验台介绍。

本书可作为高等院校机械设计制造与自动化专业以及其他近机类专业的实验教学用书,也可供企业生产技术人员作为参考用书。

图书在版编目(CIP)数据

液压与气压传动实验指导/张萌主编. —武汉:中国地质大学出版社,2016.3(2021.1重印)
ISBN 978-7-5625-2834-0

Ⅰ. 液…
Ⅱ. ①张…
Ⅲ. ①液压传动-实验②气压传动-实验
Ⅳ. ①TH137-33②TH138-33

中国版本图书馆CIP数据核字(2016)第034968号

液压与气压传动实验指导		张 萌 主编
责任编辑:胡珞兰		责任校对:代 莹

出版发行:中国地质大学出版社(武汉市洪山区鲁磨路388号)		邮政编码:430074
电 话:(027)67883511	传 真:67883580	E-mail:cbb@cug.edu.cn
经 销:全国新华书店		http://www.cugp.cug.edu.cn
开本:787mm×1092mm 1/16	字数:140千字	印张:5.5
版次:2016年3月第1版		印次:2021年1月第2次印刷
印刷:武汉市珞南印务有限公司		印数:1001—2000册
ISBN 978-7-5625-2834-0		定价:18.00元

如有印装质量问题请与印刷厂联系调换

中国地质大学（武汉）实验教学系列教材

编委会名单

主　　　任：唐辉明

副 主 任：徐四平　殷坤龙

编委会成员：（按姓氏笔画排序）

　　　　　公衍生　祁士华　毕克成　李鹏飞　李振华

　　　　　刘仁义　吴　立　吴　柯　张　喆　张　志

　　　　　罗勋鹤　罗忠文　金　星　姚光庆　饶建华

　　　　　章军锋　梁　志　董元兴　程永进　蓝　翔

选题策划：

　　　　　毕克成　蓝　翔　张晓红　赵颖弘　王凤林

前　言

　　本书主要根据编者多年教学实践与课程教学改革成果，针对机械类以及近机类专业，面向 21 世纪的教改需要而编写。全书共分 5 章，包括液压与气压传动课程教学中主要的实验内容。在教材的编写上注重通用性与特殊性的结合，在第 2 章至第 4 章中的液压传动及气压传动回路实验部分对实验项目的介绍并不局限于某一特定型号实验台，而是着重论述具有一定普适性和通用性的基本实验原理和基本实验步骤。在第 5 章中则结合目前比较典型的液压和气动实验台，介绍实验台的具体结构情况，通过实例介绍实验台具体的操作流程和注意事项。此外教材中液压元件拆装实验部分的元件图形均采用了二维装配图和三维装配图两种形式的对比，具有直观和形象的特点。在液压元件性能分析实验部分增设了空白坐标表格，便于学生记录实验数据和描绘实验曲线。

　　本书由中国地质大学张萌担任主编；朱显宇、张娜担任副主编；曹文熬、陆建军参编。张萌负责全书的统筹规划并编写其中第 2 章和第 4 章，朱显宇编写其中第 1 章和第 3 章，张娜编写其中第 5 章，曹文熬、陆建军参与了书中实验项目设计并完成了实验测试工作。他们为书稿的最终完成付出了辛勤的劳动，在此一并致以诚挚的谢意。中国地质大学出版社的领导和编辑以及中国地质大学资产与实验室设备处对本书的出版给予了很大的帮助，在此也表示衷心的感谢！

　　由于本书在兼顾实验教材通用性与特殊性等方面做了一些尝试性的工作，加之笔者水平有限，难免出现一些缺点和不足之处，恳请广大读者批评指正。

编　者

2015 年 12 月

目 录

1 液压元件拆装和分析 …………………………………………………… (1)
  1.1 液压动力元件拆装和分析实验 …………………………………… (1)
  1.2 液压执行元件拆装和分析实验 …………………………………… (6)
  1.3 液压控制元件拆装和分析实验 …………………………………… (10)

2 液压元件性能测试实验 ………………………………………………… (18)
  2.1 液压泵性能测试实验 ……………………………………………… (18)
  2.2 溢流阀性能测试实验 ……………………………………………… (21)
  2.3 减压阀性能测试实验 ……………………………………………… (25)
  2.4 液压缸性能测试实验 ……………………………………………… (28)

3 液压传动与控制基本回路实验 ……………………………………… (31)
  3.1 压力控制基本回路实验 …………………………………………… (31)
  3.2 速度控制基本回路实验 …………………………………………… (35)
  3.3 方向控制基本回路实验 …………………………………………… (39)
  3.4 电液比例控制回路实验 …………………………………………… (42)

4 气压传动与控制基本回路实验 ……………………………………… (46)
  4.1 全气控回路实验 …………………………………………………… (46)
  4.2 电控气动回路实验 ………………………………………………… (54)

5 教学实验台介绍 ………………………………………………………… (66)
  5.1 湖南宇航科技教学设备有限公司实验台介绍 …………………… (66)
  5.2 昆山同创科教设备有限公司试验台 ……………………………… (73)

参考文献 …………………………………………………………………… (80)

1 液压元件拆装和分析

一个完整的液压系统由 5 个部分组成，即动力元件、执行元件、控制元件、辅助元件（附件）和液压油。本章包括 3 部分内容：液压动力元件拆装和分析、液压执行元件拆装和分析、液压控制元件拆装和分析。通过对液压元件的拆装可加深对液压元件结构及工作原理的了解，并对液压元件的加工及装配工艺有一个初步的认识，提高学生的动手能力以及观察、分析问题的能力，同时也有助于学生对相关课堂知识的巩固和融会贯通。

1.1 液压动力元件拆装和分析实验

液压动力元件的作用是将原动机的机械能转换成液体的压力能，向整个液压系统提供动力。液压泵是为液压传动提供加压液体的一种液压元件。液压泵的结构形式一般有齿轮泵、叶片泵和柱塞泵。

1.1.1 YB-1 型双作用叶片泵拆装

1) 实验目的

通过对 YB-1 型双作用叶片泵的实际拆装操作，掌握其结构特点及工作原理。

2) 实验任务

拆装 YB-1 型双作用叶片泵，并分析其结构特点及工作原理。

3) 实验设备

需要的拆装工具如表 1-1 所示，YB-1 型双作用叶片泵如图 1-1 所示。

表 1-1 YB-1 型双作用叶片泵拆装工具

工具名称	数量	工具名称	数量	工具名称	数量
活动扳手	一把	弹簧卡钳	一把	煤油	若干
组合螺丝刀	一套	铜棒	一根	液压油	若干
内六角扳手	一套	橡胶锤	一把		

4) 实验元件工作原理

图 1-2 所示为双作用叶片泵的工作原理图。它的作用原理与单作用叶片泵相似，不同之处在于定子内表面是由两段长半径圆弧、两段短半径圆弧和四段过渡曲线组成，且定子和转子是同心的。在图 1-2 中，当转子顺时针方向旋转时，密封工作腔的容积在左上角和右下角处逐渐增大，为吸油区；在左下角和右上角处逐渐减小，为压油区。吸油区和压油区之间有一段封油区将吸、压油隔开。这种

图 1-1 YB-1 型双作用叶片泵

泵的转子每转一转，每个密封工作腔完成吸油和压油动作各两次，所以称为双作用叶片泵。泵的两个吸油区和两个压油区是径向对称的，作用在转子上的压力径向平衡，所以又称为平衡式叶片泵。

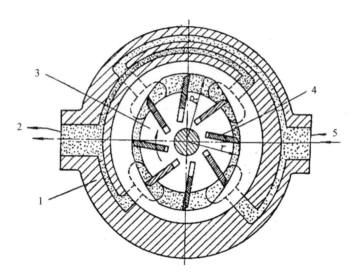

图 1-2　YB-1 型双作用叶片泵工作原理
1—定子；2—压油口；3—转子；4—叶片；5—吸油口

5）实验步骤

YB-1 型双作用叶片泵结构图如图 1-3 所示，图 1-4 为其三维结构图，实验步骤如下：

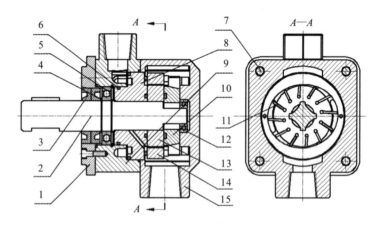

图 1-3　YB-1 型双作用叶片泵结构图
1—端盖；2—传动轴；3—J 型密封圈；4—卡圈；5—左侧径向球轴承；6—密封圈；7—螺钉；8—左配油盘；9—左泵体；10—右配油盘；11—叶片；12—右侧径向球轴承；13—转子；14—定子；15—右泵体

(1) 使用内六角扳手拆下左泵体端盖 1 上的紧固螺钉 7，取下端盖 1 和两个 J 型密封圈 3。
(2) 拆下连接左、右泵体的 4 个紧固螺钉，分离左泵体 9 和右泵体 15。
(3) 用弹簧卡钳拆开左侧轴承 5 处的卡圈 4。

1 液压元件拆装和分析

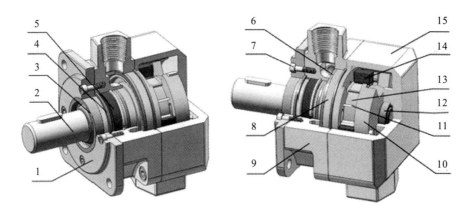

图 1-4 YB-1 型双作用叶片泵三维结构图

1—端盖；2—传动轴；3—J 型密封圈；4—卡圈；5—左侧径向球轴承；6—密封圈；7—螺钉；8—左配油盘；
9—左泵体；10—右配油盘；11—叶片；12—右侧径向球轴承；13—转子；14—定子；15—右泵体

(4) 用铜棒和橡胶锤轻轻敲击传动轴 2，退出左侧径向球轴承 5，右侧径向球轴承 12 和传动轴 2，拆下由左配油盘 8、右配油盘 10、定子 14、转子 13 和叶片 11 组成的部件。

(5) 分解左右配油盘、定子、转子以及叶片组成的部件。

6) 结构特点观察

(1) 注意观察左右泵体、转子、定子、配油盘、传动轴、两个径向球轴承和密封圈的位置及各零部件间的装配关系。

(2) 注意观察铭牌，铭牌上标注了泵的基本参数，如泵的排量、泵的额定压力等。

(3) 注意观察配油盘的结构，配油盘的压油窗口和吸油窗口的位置。

(4) 注意观察泵体上油道的位置和形状，并仔细分析它们的作用。

7) 装配要点和注意事项

装配顺序与拆卸顺序相反。装配时应注意以下事项：

(1) 泵的定子、转子、叶片和左右配油盘通过两个螺钉进行预紧。

(2) 预紧螺钉头部安装于左泵体的内孔中，以保证定子、配油盘与泵体的相对位置。

(3) 该泵的旋转方向是固定的，安装时要注意定子、转子和叶片的方向。

8) 实验报告

(1) 根据实物画出 YB-1 型叶片泵的工作原理简图。

(2) 简要说明 YB-1 型叶片泵的结构组成。

(3) 简要说明 YB-1 型叶片泵内主要零部件的构造及其加工工艺要求。

(4) 简要概述拆装 YB-1 型叶片泵的步骤及要点。

9) 思考题

(1) 双作用叶片泵的定子内表面是由哪几段曲线组成的？

(2) 设置叶片安放角的目的是什么？

(3) 该泵采用了何种定心方式？有什么特点？

(4) 双作用叶片泵中叶片的数量一般选偶数，为什么？

1.1.2 BB-B型内啮合齿轮泵拆装

1) 实验目的

通过对BB-B型内啮合齿轮泵的实际拆装操作,掌握其结构特点及工作原理。

2) 实验任务

拆装BB-B型内啮合齿轮泵,并分析其结构特点及工作原理。

3) 实验设备

需要的拆装工具如表1-2所示,内啮合齿轮泵如图1-5所示。

表1-2 BB-B型内啮合齿轮泵拆装工具

工具名称	数量	工具名称	数量	工具名称	数量
活动扳手	一把	铜棒	一根	煤油	若干
组合螺丝刀	一套	橡胶锤	一把	液压油	若干
内六角扳手	一套				

4) 实验元件工作原理

内啮合齿轮泵有渐开线齿形和摆线齿形两种,这两种内啮合齿轮泵的工作原理和主要特点与外啮合齿轮泵相似。在渐开线齿形内啮合齿轮泵中,小齿轮和内齿轮之间要安装一块月牙隔板,以便把吸油腔和压油腔隔开;在摆线齿形啮合齿轮泵(又称摆线转子泵)中,小齿轮和啮合的内齿轮只相差一齿,因而不需设置隔板。图1-6所示为BB-B型内啮合摆线齿轮泵结构图,由于其外转子齿形为圆弧,内转子齿形为短幅外摆线的等距线,故又称为内啮合摆线齿轮泵,也叫转子泵。

图1-5 BB-B型内啮合齿轮泵

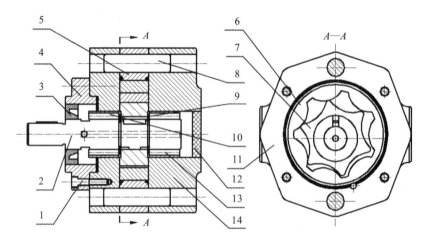

图1-6 BB-B型内啮合摆线齿轮泵结构图

1—内六角螺钉;2—轴;3—J型密封圈;4—法兰盖;5—泵体;6—外转子;7—内转子;
8—定位销;9—卡圈;10—滚针轴承;11—前泵盖;12—压盖;13—滚针轴承;14—后泵盖

内啮合齿轮泵的工作原理也是利用齿间密封容积的变化来实现吸油、压油的,如图1-7所示。它由配油盘(前泵盖、后泵盖)、外转子(从动轮)和偏心安置在泵体内的内转子(主动轮)等组成。内、外转子相差一齿,由于内外转子是多齿啮合,这就形成了若干密封容积。当内转子围绕中心旋转时,带动外转子中心作同向旋转。这时内转子齿顶和外转子齿谷间就会形成密封容积,随着转子的转动,密封容积逐渐增大,于是就形成了局部真空,使油液从左边配油窗口被吸入密封腔,至1/2行程位置时密封容积最大,这时吸油完毕。当转子继续旋转时,充满油液的密封容积便逐渐减小,油液受挤压,通过右边另一个配油窗口将油液排出,至内转子的另一齿和外转子的齿全部啮合时,压油完毕。内转子每转一周,由内转子齿顶和外转子齿谷所构成的

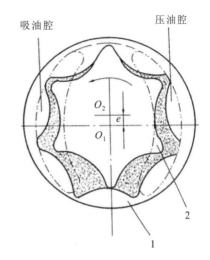

图1-7　内啮合摆线齿轮泵工作原理图
1—外转子；2—内转子

每个密封容积完成吸、压油各一次,当内转子连续转动时,即完成了液压泵的吸排油工作。

内啮合摆线齿轮泵有许多优点,如结构紧凑、体积小、零件少、转速高、运动平稳、噪声低、容积效率较高等。缺点是转子的制造工艺复杂、成本较高等,目前已采用粉末冶金压制成型。随着工业技术的发展,摆线齿轮泵的应用将会愈来愈广泛,内啮合摆线齿轮泵可正、反转,可作液压马达用。

5) 实验步骤

如图1-8所示为BB-B型内啮合摆线齿轮泵三维结构图,实验步骤如下:

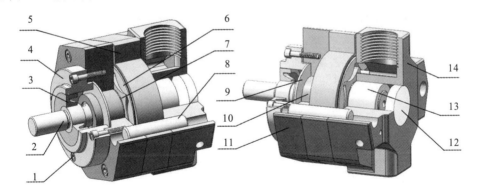

图1-8　BB-B型内啮合摆线齿轮泵三维结构图
1—内六角螺钉；2—轴；3—J型密封圈；4—法兰盖；5—泵体；6—外转子；7—内转子；
8—定位销；9—卡圈；10—滚针轴承；11—前泵盖；12—压盖；13—滚针轴承；14—后泵盖

(1) 用内六角扳手拆下前泵盖11、后泵盖14与泵体5连接的内六角螺钉。
(2) 用内六角扳手拆下法兰盖4处连接的内六角螺钉1,取出J型密封圈3。
(3) 卸下压盖12,卸下泵体定位销8,使前后泵盖11、14与泵体5分离。
(4) 分离后泵盖14,拆卸后泵盖14,取出滚针轴承13。

(5) 分离前泵盖 11，拆卸前泵盖 11，用弹簧卡钳拆下卡圈 9，取出滚针轴承 10。
(6) 用铜棒和橡胶锤轻轻敲击轴 2，分离轴与内转子。
(7) 拆卸内转子 7、外转子 6 及其他零部件。

6) 结构特点观察
(1) 注意观察泵体中铸造的油道、泵体两端面上环形的平面卸荷槽和油孔。
(2) 注意观察铭牌，铭牌上标注了泵的基本参数，如泵的排量、泵的额定压力等。
(3) 注意观察泵轴和后泵盖处的卸油通道。

7) 装配要点和注意事项
装配顺序与拆卸顺序相反。装配时应注意以下事项：
(1) 零件拆装完毕后，用汽油或者煤油清洗全部零件，干燥后用不起毛的布擦拭干净。
(2) 注意密封圈的方向。
(3) 滚针轴承应垂直装入后盖孔中，滚针在保持架内应转动灵活。

8) 实验报告
(1) 根据实物图分析 BB-B 型齿轮泵的工作原理。
(2) 简要说明该齿轮泵的结构组成。
(3) 简述液压泵内主要零部件的构造及其加工工艺要求。
(4) 分析影响液压泵正常工作及容积效率的因素，指出泵中易产生故障的部件，并分析其原因。
(5) 简述拆装内啮合齿轮泵的方法和拆装要点。

9) 思考题
(1) 内啮合摆线齿轮泵的密封容积是怎样形成的？与内啮合渐开线齿轮泵有何不同？
(2) 该齿轮泵有无配流盘？
(3) 该齿轮泵与外啮合齿轮泵相比，结构上有何特点？两种泵的流量脉动性相比各有什么特点？
(4) 为何内外转子啮合必须要有正确的偏心距？
(5) 该齿轮泵是如何把泄漏的油引回油箱的？

1.2　液压执行元件拆装和分析实验

执行元件（如液压缸和液压马达）的作用是将液体的压力能转换为机械能，驱动负载做直线往复运动或回转运动。

1.2.1　单杆活塞式液压缸

1) 实验目的
通过对单杆活塞式液压缸的实际拆装操作，掌握其结构特点及工作原理。

2) 实验任务
拆装单杆活塞式液压缸，并分析其结构特点及工作原理。

3) 实验设备
需要的拆装工具如表 1-3 所示，单杆活塞式液压缸如图 1-9 所示。

1 液压元件拆装和分析

表 1-3 单杆活塞式液压缸拆装工具

工具名称	数量	工具名称	数量	工具名称	数量
活动扳手	一把	弹簧卡钳	一把	煤油	若干
组合螺丝刀	一套	垫木	一块	液压油	若干
内六角扳手	一套	橡胶锤	一把	缸套	一个

4) 实验元件工作原理

液压缸一般由活塞、缸体、活塞杆、端盖和密封件等组成。单活塞杆液压缸只有一端有活塞杆。如图 1-10 所示是一种单活塞杆液压缸的结构图。其两端进出口油口都可通压力油或回油,以实现双向运动,故又称为双作用缸。单活塞杆液压缸是将液压能转变为机械能的、做直线往复运动的液压执行元件。它结构简单、工作可靠。用它来实现往复运动时,可免去减速装置,并且没有传动间隙,运动平稳,因此在各种机械的液压系统中得到广泛应用。

图 1-9 单杆活塞式液压缸

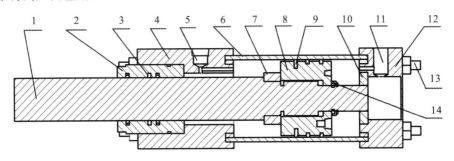

图 1-10 单杆活塞式液压缸结构图

1—活塞杆;2—活塞导向装置;3—密封圈;4—前端盖;5—油口;6—缸体;7—套筒;
8—活塞;9—密封圈;10—缓冲头;11—油口;12—后端盖;13—拉杆;14—弹簧挡圈

5) 实验步骤

单杆活塞式液压缸三维结构图如图 1-11 所示,实验步骤如下:

(1) 用扳手拆开前端盖 4、后端盖 12 与液压缸缸体 6 连接的螺栓,为了防止活塞杆等细长件弯曲或变形,放置时应用垫木支承均衡。拆卸时应防止损伤油口 5、11 的螺纹、活塞杆 1 表面、缸体内壁和密封圈等。

(2) 分离前端盖 4 与缸体 6,分离时注意密封件不要被尖利的器物划伤,影响液压缸密封。

(3) 分离后端盖 12 与缸体 6,取出缓冲头 10。

(4) 用弹簧卡钳拆开活塞 8 处的弹簧挡圈 14,用专用缸套分离活塞 8 与活塞杆 1,取出套筒 7。

(5) 拆卸其他零部件。

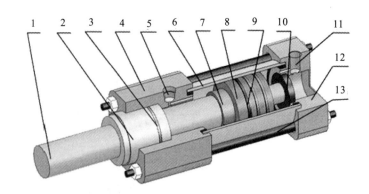

图 1-11 单杆活塞式液压缸三维结构图

1—活塞杆；2—活塞导向装置；3—密封圈；4—前端盖；5—油口；6—缸体；
7—套筒；8—活塞；9—密封圈；10—缓冲头；11—油口；12—后端盖；13—拉杆

6) 结构特点观察

(1) 注意观察液压缸内壁、导向装置和活塞杆的连接关系。

(2) 注意观察活塞的密封结构形式。

(3) 注意观察液压缸的进出油口通道。

7) 装配要点和注意事项

装配顺序与拆装顺序相反。装配时应注意以下事项：

(1) 装配前必须对各零件仔细清洗。

(2) 螺纹连接件拧紧时应使用专用扳手，扭力不应过大。

(3) 装配完毕后活塞组件移动时应无阻滞感和阻力大小不匀等现象。

(4) 液压缸组装时，密封圈应小心放入，不要划伤密封圈，以防漏油。

8) 实验报告

(1) 根据实物画出液压缸的工作原理简图。

(2) 简要说明液压缸的结构组成。

(3) 简述液压缸内主要零部件的构造及其加工工艺要求。

(4) 简述拆装液压缸的方法和要点。

9) 思考题

(1) 液压缸的往复运动是如何实现的？

(2) 液压缸缸筒的内壁采用什么加工形式？

1.2.2 CM-E 型齿轮马达

1) 实验目的

通过对 CM-E 型齿轮马达的实际拆装操作，掌握其结构特点及工作原理。

2) 实验任务

拆装 CM-E 型齿轮马达，并分析其结构特点及工作原理。

3) 实验设备

需要的拆装工具如表 1-4 所示，CM-E 型齿轮马达如图 1-12 所示。

1 液压元件拆装和分析

表 1-4 CM-E型齿轮马达拆装工具

工具名称	数量	工具名称	数量	工具名称	数量
活动扳手	一把	铜棒	一根	液压油	若干
组合螺丝刀	一套	橡胶锤	一把	煤油	若干
内六角扳手	一套				

4) 实验元件工作原理

齿轮马达是通过输入压力流体,使壳体内相互啮合的两个(或两个以上)齿轮转动的液压马达,其结构图如图 1-13 所示。在液压传动中,齿轮式液压马达占很大的比重,它广泛应用于钢铁、机械、轻工、冶金、矿山、建筑、船舶、飞机、汽车、石化机械行业中。齿轮马达具有体积小、重量轻、结构简单、工艺性好、对油液的污染不敏感、耐冲击和惯性小等优点。缺点主要是扭矩脉动较大、效率较低、起动扭矩较小(仅为额定扭矩的 60%~70%)和低速稳定性差等。

图 1-12 CM-E齿轮马达

5) 实验步骤

CB-E型齿轮马达三维结构图如图 1-14 所示,实验步骤如下:

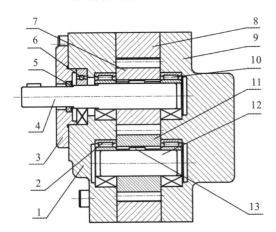

图 1-13 CM-E型齿轮马达结构图
1—前泵体;2—滚针轴承;3—前端盖;4—主动轴;5—密封环;6—滚珠轴承;7—主动齿轮;8—中间泵体;9—后泵体;10—滚针轴承;11—从动齿轮;12—从动轴;13—平键

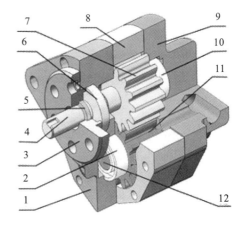

图 1-14 CM-E型齿轮马达三维结构图
1—前泵体;2—滚针轴承;3—前端盖;4—主动轴;5—密封环;6—滚珠轴承;7—主动齿轮;8—中间泵体;9—后泵体;10—滚针轴承;11—从动齿轮;12—从动轴

(1) 卸下前泵体 1 和后泵体 9 之间的螺钉,将后泵体 9 及相应的密封圈和滚针轴承 2、10 取下来,分离时注意密封件不要被尖利的器物划伤,影响马达密封。

(2) 卸下前端盖 3 和前泵体 1 之间的连接螺钉,取下密封环 5。

(3) 取下齿轮 7、11 和轴 4、12,分离主动轴 4 和滚珠轴承 6。

(4) 用铜棒和橡胶锤轻轻敲击主动轴 4 和从动轴 12 上的主动齿轮 7 和从动齿轮 11，并取出平键 13。

(5) 拆卸其他零部件。

6) 结构特点观察

(1) 注意观察传动轴与齿轮的装配关系。

(2) 注意观察该马达各处的密封结构形式。

7) 装配要点和注意事项

装配顺序与拆卸顺序相反。装配时应注意以下事项：

(1) 零件拆卸完毕后，用汽油或者煤油清洗全部零件，干燥后用不起毛的布擦拭干净。

(2) 装配时应防止对零件的损伤。

(3) 拧紧螺钉时要让几个螺钉均匀受力。

(4) 装配后向马达的进出油口注入机油，用手转动应均匀且无过紧感觉。

8) 实验报告

(1) 根据实物画出 CM-E 型齿轮马达的工作原理简图。

(2) 简要说明该马达的结构组成。

(3) 简述该型马达内主要零部件的构造及加工工艺要求。

(4) 简述拆装齿轮马达的方法和拆装要点。

9) 思考题

(1) 该型齿轮马达的进出油口和齿轮泵相比有何不同？

(2) 该型齿轮马达与高压齿轮马达相比的主要区别是什么？

(3) 该型齿轮马达泄漏油的流向与齿轮泵相比有何不同？

(4) 该型齿轮马达采取什么措施来减小马达的启动摩擦扭矩？

1.3 液压控制元件拆装和分析实验

控制元件（即各种液压阀）在液压系统中的作用是控制和调节液体的压力、流量和方向。根据控制功能的不同，液压阀可分为压力控制阀、流量控制阀和方向控制阀。压力控制阀又分为溢流阀（安全阀）、减压阀、顺序阀、压力继电器等；流量控制阀包括节流阀、调速阀、分流集流阀等；方向控制阀包括单向阀、液控单向阀、梭阀、换向阀等。根据控制方式不同，液压阀可分为开关式控制阀、定值控制阀和比例控制阀。

1.3.1 DF 型单向阀

1) 实验目的

通过对 DF 型单向阀的实际拆装操作，掌握其结构特点及工作原理。

2) 实验任务

拆装 DF 型单向阀，并分析其结构特点及工作原理。

3) 实验设备

需要的拆装工具如表 1-5 所示，DF 型单向阀如图 1-15 所示。

1 液压元件拆装和分析

表 1-5 DF 型单向阀拆装工具

工具名称	数量	工具名称	数量
弹簧卡钳	一把	煤油	若干
铜棒	一根	液压油	若干

4)实验元件工作原理

单向阀是流体只能沿进油口流动、出油口介质却无法回流的装置,所以液压单向阀也可以称为止回阀,其结构图如图 1-16 所示。一个单向阀,当进油口压力足够大时,压力推动单向阀芯克服弹簧作用力,介质可以由进油口流入。而当出油口压力大于进油口时,在介质压力和弹簧的共同作用下,单向阀芯只会紧闭,介质无法由出油口流入进油口。

图 1-15 DF 型单向阀

其主要作用是防止介质倒流,防止泵及驱动电动机反转以及容器介质的泄放。

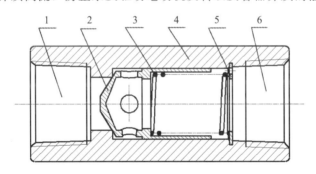

图 1-16 DF 型单向阀结构图
1—进油口;2—阀芯;3—弹簧;4—阀体;5—卡圈;6—出油口

5)实验步骤

DF 型单向阀三维结构图如图 1-17 所示,实验步骤如下:
(1)用弹簧卡钳拆下卡圈 5。

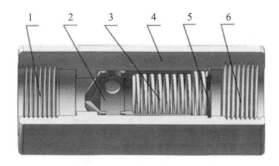

图 1-17 DF 型单向阀三维结构图
1—进油口;2—阀芯;3—弹簧;4—阀体;5—卡圈;6—出油口

(2) 取出弹簧 3。
(3) 取出阀芯 2。
6) 结构特点观察
(1) 注意观察阀芯头部的形状和朝向。
(2) 注意观察阀芯上进出油口的位置和阀体上的箭头指向。
(3) 注意观察该阀弹簧的结构特点。
7) 装配要点和注意事项
装配顺序与拆卸顺序相反。装配时应注意以下事项:
(1) 装配前将各零件用汽油或者煤油清洗干净。
(2) 阀芯方向应与阀体上箭头指向保持一致。
(3) 装配时用铜棒顶住阀芯后再放入卡圈。
8) 实验报告
(1) 根据实物,画出单向阀的工作原理简图。
(2) 简要说明单向阀的结构组成。
(3) 简述单向阀内的主要零部件的构造及其加工工艺要求。
9) 思考题
(1) 普通单向阀按阀芯结构形式一般分为哪几种?
(2) 单向阀的主要性能指标有哪些?
(3) 单向阀如果用做背压阀时应该怎样调整?

1.3.2 P型直动式溢流阀

1) 实验目的
通过对直动式溢流阀的实际拆装操作,掌握其结构特点及工作原理。
2) 实验任务
拆装直动式溢流阀,并分析其结构特点及工作原理。
3) 实验设备
需要的拆装工具如表 1-6 所示,P型直动式溢流阀如图 1-18 所示。

表 1-6 P型直动式溢流阀拆装工具

工具名称	数量	工具名称	数量	工具名称	数量
活动扳手	一把	内六角扳手	一套	液压油	若干
组合螺丝刀	一套	煤油	若干		

4) 实验元件工作原理

P型直动式溢流阀结构图如图 1-19 所示。溢流阀进油口的压力油作用在阀芯底部,形成了一个与弹簧力相抗衡的液压力。当此液压力小于调压弹簧的弹簧力时,阀芯右移,关闭进油口与出油口通道,此阀不起调压作用。随着进油口压

图 1-18 P型直动式溢流阀

力的不断提高,当液压力大于弹簧力时,阀芯左移,多余的油液溢回油箱,使进油口压力稳定在调定值上。

5) 实验步骤

P型直动式溢流阀三维结构图如图1-20所示,实验步骤如下:

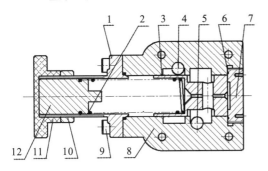

图1-19 P型直动式溢流阀结构图
1—螺纹上盖;2—调压弹簧;3—阀芯;4—出油口;
5—进油口;6—密封圈;7—底盖;8—阀体;9—螺钉;10—锁紧螺母;11—调节螺母;12—弹簧座

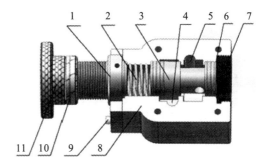

图1-20 P型直动式溢流阀三维结构图
1—螺纹上盖;2—调压弹簧;3—阀芯;4—出油口;5—进油口;6—密封圈;7—底盖;8—阀体;9—螺钉;10—锁紧螺母;11—调节螺母

(1) 卸下螺纹上盖1处的螺钉9,使螺纹上盖1与阀体8分离。
(2) 取出调压弹簧2。
(3) 拧下调节螺母11,从螺纹上盖1中取出弹簧座12,并拧下锁紧螺母10。
(4) 卸下阀体上的底盖7,取出密封圈6,然后抽出阀芯3,抽出时注意阀芯及密封件不要被尖利的器物划伤,以免影响阀的密封。
(5) 拆卸其他零部件。

6) 结构特点观察
(1) 注意观察阀体的结构,特别是阀体内的卸油孔道。
(2) 注意观察阀芯的结构形式。
(3) 注意观察该阀的密封结构形式。

7) 装配要点和注意事项

装配顺序与拆卸顺序相反。装配时应注意以下事项:
(1) 零件拆卸完毕后,用汽油或者煤油清洗全部零件,干燥后用不起毛的布擦拭干净。
(2) 装配阀芯时要注意避免对其表面的损伤。

8) 实验报告
(1) 根据实物画出P型直动式溢流阀的工作原理图。
(2) 简要说明P型直动式溢流阀的结构组成。
(3) 简述P型直动式溢流阀内主要零部件的构造及其加工工艺要求。
(4) 简述P型直动式溢流阀的压力调整方法。

9) 思考题
(1) P型直动式溢流阀的泄漏油是如何流回油箱的?
(2) P型直动式溢流阀的阀芯结构形式有哪几种?各有何特点?

1.3.3 J1-10B型单向减压阀拆装

1) 实验目的

通过对J1-10B型单向减压阀的实际拆装操作,掌握其结构特点及工作原理。

2) 实验任务

拆装J1-10B型单向减压阀,并分析其结构特点及工作原理。

3) 实验设备

需要的拆装工具如表1-7所示,J1-10B型单向减压阀如图1-21所示。

表1-7 J1-10B型单向减压阀拆装工具

工具名称	数量	工具名称	数量	工具名称	数量
活动扳手	一把	内六角扳手	一套	煤油	若干
组合螺丝刀	一套	液压油	若干		

4) 实验元件工作原理

图1-22为单向减压阀结构图,进油口油压作用在主阀芯上,当进油口压力大于主阀芯设定压力时,主阀芯右移,连通出油口,减压阀处于减压状态。J1-10B型单向减压阀只能实现单向减压,如果反向通油,主阀芯前端顶住螺纹塞,无法左移,不能连通进出油口,无法实现减压,上端通道是一个单向阀,也阻止连通进出油口。J1-10B型单向减压阀设有外控口,当外控口油压大于先导阀芯设定值,油压作用于单向阀,调节单向阀复位弹簧长度,进而控制单向阀出口压力,实现调压功能。

图1-21 J1-10B型单向减压阀

5) 实验步骤

J1-10B型单向减压阀三维结构图如图1-23所示,实验步骤如下:

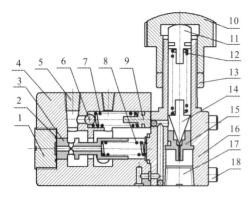

图1-22 J1-10B型单向减压阀结构图
1—螺纹塞;2—密封圈;3—主阀芯;4—主阀体;
5—锥螺塞;6—钢珠;7、8—弹簧;9—弹簧座;
10—调节螺母;11—弹簧座;12—先导阀弹簧;
13—锁紧螺母;14—锥阀芯;15—锥阀座;16—先导阀体;17—外控口;18—连接螺钉

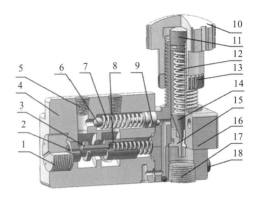

图1-23 J1-10B型单向减压阀三维结构图
1—螺纹塞;2—密封圈;3—主阀芯;4—主阀体;
5—锥螺塞;6—钢珠;7、8—弹簧;9—弹簧座;
10—调节螺母;11—弹簧座;12—先导阀弹簧;
13—锁紧螺母;14—锥阀芯;15—锥阀座;16—先导阀体;17—外控口;18—连接螺钉

(1) 拆下右侧先导阀体 16 上的连接螺钉 18,分离先导阀体 16 和主阀体 4 并取出主阀上的密封圈。
(2) 依次拆下主阀体上单向阀中的弹簧座 9、调压弹簧 7、钢珠 6。
(3) 拆卸主阀的调压弹簧 8、主阀芯 3、螺纹塞 1 及密封圈 2。
(4) 旋出先导阀体上的调节螺母 10,依次取出弹簧座 11、先导阀弹簧 12、锥阀芯 14、锥阀座 15。
(5) 拆卸其他零部件。

6) 结构特点观察
(1) 注意观察先导阀和主阀的结构,特别是阀体内的油口通道。
(2) 注意观察主阀芯和先导阀(锥阀)、锥阀座的结构形式。
(3) 注意观察该阀进出油口相对主阀的位置。
(4) 注意观察该阀采用的密封结构形式。

7) 装配要点和注意事项
装配顺序与拆卸顺序相反。装配时应注意以下事项:
(1) 零件拆开后按先后顺序摆放,并仔细观察各零部件的结构及其所在位置。
(2) 装配前将各零件用汽油或煤油清洗干净。
(3) 放入 O 型密封圈前,可在主阀芯及阀孔等部位涂少许液压油。

8) 实验报告
(1) 根据实物画出 J1-10B 型单向减压阀的工作原理简图。
(2) 简要说明 J1-10B 型单向减压阀的结构组成。
(3) 简要说明 J1-10B 型单向减压阀内主要零部件的构造及其加工工艺要求。
(4) 简要概述拆装 J1-10B 型单向减压阀的步骤及要点。

9) 思考题
(1) 泄油口如果发生堵塞现象,减压阀能否正常减压?为什么?
(2) 减压阀和溢流阀的启闭特性变化趋势相同吗?为什么?
(3) 减压阀出现不能减压的主要原因可能是什么?

1.3.4 二位四通电磁换向阀

1) 实验目的
通过对二位四通电磁换向阀的实际拆装操作,掌握其结构特点及工作原理。
2) 实验任务
拆装二位四通电磁换向阀,并分析其结构特点及工作原理。
3) 实验设备
需要的拆装工具如表 1-8 所示,二位四通电磁换向阀如图 1-24 所示。

表 1-8 二位四通电磁换向阀拆装工具

工具名称	数量	工具名称	数量	工具名称	数量
活动扳手	一把	弹簧卡钳	一把	煤油	若干
组合螺丝刀	一套	内六角扳手	一套	液压油	若干

4）实验元件工作原理

如图1-25所示为二位四通电磁换向阀的结构图，阀体上有3个环形沉割槽，中间为进油口P，与其相邻的是T1、T2油口。在阀的右端装有弹簧座（10）、复位弹簧（8），阀体（12）右端还安装有电磁铁。当电磁铁断电时，阀芯由于复位弹簧的作用，处于左端，此时P和A连通，T1和B连通，当电磁铁通电时，推动阀芯移至右侧。此时P和B连通，T2和A连通，电磁铁断电后阀位又处于左端。

图1-24 二位四通电磁换向阀

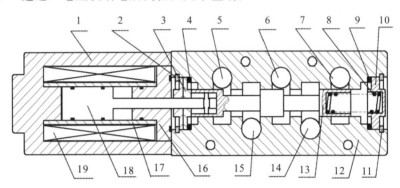

图1-25 二位四通电磁换向阀结构图
1—电磁阀盖；2—左端卡圈；3—支撑套；4—密封圈；5—T1油口；6—P油口；7—T2油口；8—复位弹簧；9—密封圈；10—弹簧座；11—右端卡圈；12—阀体；13—阀芯；14—B油口；15—A油口；16—导向套；17—环；18—推杆；19—线圈

5）实验步骤

二位四通电磁换向阀三维结构图如图1-26所示，实验步骤如下：

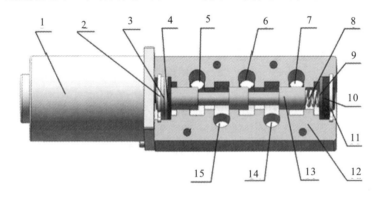

图1-26 二位四通电磁换向阀三维结构图
1—电磁阀盖；2—左端卡圈；3—支撑套；4—密封圈；5—T1油口；6—P油口；7—T2油口；8—复位弹簧；9—密封圈；10—弹簧座；11—右端卡圈；12—阀体；13—阀芯；14—B油口；15—A油口

（1）用弹簧卡钳取出右端的卡圈11，依次取出弹簧座10、密封圈9及复位弹簧8。

(2) 卸下电磁换向阀左端的螺钉,取下左边电磁阀盖 1。
(3) 取出电磁铁、环 17、导向套 16 及推杆 18。
(4) 用弹簧卡钳取出左端卡圈 2,取出两个支撑套 3 及密封圈 4。
(5) 小心取出阀芯 13,分离时注意阀芯及密封件不要被尖利的器物划伤,以免影响换向阀的密封。

6) 结构特点观察
(1) 注意观察电磁铁的类型。
(2) 注意观察阀芯台肩与阀体孔的对应位置和结构以及形状的匹配情况。
(3) 注意观察该阀的密封结构形式。
(4) 注意观察该阀上泄油通道的结构形式和走向。
(5) 注意观察铭牌,铭牌上标注了阀的基本参数,如阀的通径、额定流量、压力、机能等。

7) 装配要点和注意事项
装配顺序与拆卸顺序相反。装配时应注意以下事项:
(1) 零件拆开后按先后顺序摆放。
(2) 装配前将各零件用汽油或者煤油清洗干净。
(3) 放入 O 型密封圈前,可在主阀芯及阀孔等部位涂少许液压油。
(4) 检查密封圈有无老化现象,如果有,则更换新的。
(5) 拆卸或安装一组螺钉时,用力要均匀。

8) 实验报告
(1) 根据实物画出二位四通电磁换向阀的工作原理简图。
(2) 简要说明二位四通电磁换向阀的结构组成。
(3) 简述二位四通电磁换向阀内主要零部件的构造及其加工工艺要求。
(4) 简要概述拆装二位四通电磁换向阀的步骤及要点。
(5) 写出二位四通电磁换向阀的控制信号类型和控制方式。

9) 思考题
(1) 该二位四通电磁换向阀的各油口连通关系是如何改变的?
(2) 该二位四通电磁换向阀左端电磁铁断电时,阀芯靠什么复位?
(3) 电磁换向阀与电液换向阀有何不同?分别用在哪种场合?

2 液压元件性能测试实验

液压传动课程涵盖了基础理论、液压元件以及液压传动系统 3 部分，液压元件包括动力元件、执行元件、控制元件以及辅助元件，其种类繁多。除了在课堂上学习液压元件的工作原理和结构特点以及通过元件拆装实验进一步加强对液压元件结构和功能的理解和掌握之外，还有必要通过相应的实验课程，对一些典型的液压元件的性能开展实验测试，得到元件的性能参数或性能曲线，了解并掌握液压元件静动态性能参数实验测试方法。目前液压元件性能测试实验一般都是在液压综合教学实验台或专用的液压元件性能测试台上进行的。由于不同厂家的实验台结构不尽相同，对于同一种液压元件而言，其具体的实验流程和实验线路也不完全相同，但实验的基本原理是一样的，实验方法是相似的。本章提供液压元件性能实验的基本原理和实验方法，学生可以结合本校使用的液压试验台，在掌握基本原理和实验方法的前提下，开展相关的实验任务，掌握典型液压元件性能测试的方法，做到举一反三，加深对液压元件结构和性能的了解，为后续液压系统回路的设计和液压系统的实际应用提供实验理论基础。书中第 5 章介绍了目前国内两种主流的液压综合试验台的资料和基本操作方法，供学生实验时参考。

2.1 液压泵性能测试实验

液压泵是液压系统的动力能源装置，其功能是将原动机的机械能转换为油液的压力能，向系统提供具有一定压力的液流。液压泵是容积式的，依靠泵内密封容积的变化原理实现吸油和压（排）油。液压泵的结构形式一般有齿轮式、叶片式和柱塞式。

在理论课程的学习中，我们知道液压泵的主要性能参数包括压力、排量（流量）、功率以及效率等。这些参数并不是孤立的，它们之间存在一定的关系。所谓液压泵的性能测试就是测试这些主要参数以及参数之间的关系变化情况。它们反映了液压泵工作性能特点，是检验液压泵质量的重要技术手段和进行液压泵选型设计时的重要参考。

2.1.1 实验目的

(1) 了解液压泵的主要性能。
(2) 掌握液压泵主要性能的测试原理和测试方法。
(3) 看懂并能绘制液压泵性能曲线。

2.1.2 实验设备与材料

液压泵的主要性能参数包括压力、排量（流量）、功率以及效率等，因此在液压泵的性能测试实验中，用于进行实验的实验台除了具有必备的液压源、溢流阀和节流阀等液压元件外，还需具备压力、流量、泵功率和转速等参数测试及记录功能。

2.1.3 实验原理

液压泵性能参数测试中,其输出压力和流量是重要的两个测量参数,在实验过程中利用溢流阀调节液压泵的输出压力,利用节流阀调节系统流量。进行测试实验的液压系统原理图如图 2-1 所示。

2.1.4 实验步骤

1) 液压泵空载性能测试

液压泵的空载性能测试主要是测试泵的空载排量。

液压泵的排量是指在不考虑泄漏情况下,泵轴每转一圈所排出油液的体积。理论上,排量应按泵密封工作腔容积的几何尺寸精确计算出来。在工业

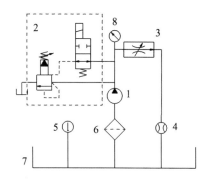

图 2-1 液压泵性能实验原理图
1—液压泵;2—先导式溢流阀带二位二通电磁卸荷阀;3—节流阀(或调速阀);4—流量计;5—温度计;6—过滤器;7—油箱;8—压力计

应用上,可以空载排量取而代之。空载排量是指泵在空载压力(不超过 5% 额定压力或 0.5MPa 的输出压力)下泵轴每转排出油液的体积。

实验测试时,首先检查油路连接是否牢靠,开机时先确保系统处于卸荷状态(可以通过切换与先导式溢流阀相连的二位二通电磁阀开闭状态实现),然后将溢流阀 2 开至最大,起动液压泵 1,关闭节流阀 3,接着溢流阀 2 调至略高于泵的额定工作压 20% 左右,将溢流阀 2 作安全阀用,系统压力由压力计 8(或压力传感器)测得,将节流阀 3 逐渐开至最大,待流量稳定后,测试记录泵流量,此时测得的流量即为泵的空载流量 q_0(L/min)。如果有转速计能够测得泵轴转速 n(r/min),则泵的空载排量 V_0 可由下式计算:

$$V_0 = \frac{q_0}{1000 \times n} \quad (\text{m}^3/\text{r}) \tag{2-1}$$

此时泵的空载排量 V_0 可以作为泵的理论排量。

2) 液压泵的流量-压力特性和功率特性测试

液压泵的流量特性是指泵的实际流量 q 随出口工作压力 p 变化的特性。液压泵的功率特性是指泵轴输入功率随出口工作压力 p 的变化特性。

实验测试时,将溢流阀 2 调至高于泵的额定工作压力,通过调节节流阀 3 给被测试液压泵由低至高逐点加载,同时记录各点对应的泵出口压力 p(MPa)以及泵输出流量 q(L/min)、电机功率 P(kW)和泵轴转速 n(r/min)。将测试数据记录下来,然后绘制泵的效率特性曲线和功率特性曲线。

液压泵的实际排量: $V = \dfrac{q}{1000 \times n} \quad (\text{m}^3/\text{r})$ \hfill (2-2)

液压泵的容积效率: $\eta_V = \dfrac{q}{q_0} = \dfrac{V}{V_0}$ \hfill (2-3)

液压泵轴输入功率: $P_P = P \eta_d$ \hfill (2-4)

式中:P 为实际测得的电机功率,可由实验台功率表读数确定;η_d 为实测的电机效率,两者之间的联系可查电动机效率曲线(略),实验计算时该值可取 80%。

液压泵的总效率：$\eta = \dfrac{pq}{60P\eta_d}$ (2-5)

式中：分子部分 p、q 分别为测得的泵输出压力值和流量值。

液压泵的机械效率 η_m，反映油液在泵内流动时液体黏性引起的摩擦转矩损失和泵内机件相对运动时机械摩擦引起的摩擦损失之和。摩擦转矩损失越大，则泵的机械效率越低。要直接测定 η_m 比较困难，一般是测出 η_V 和 η，然后算出 η_m。

液压泵的机械效率：$\eta_m = \dfrac{\eta}{\eta_V}$ (2-6)

根据测试数据绘制泵的效率特性曲线。

2.1.5 试验中的注意事项

在实验之前首先要了解实验台的结构和功能，搞清实验过程中元件的名称、作用及位置，然后模拟一次实验步骤，得到教师同意后，方可开机实验。

实验完成后，放松溢流阀，关停电机，待回路中系统压力为零后再拆卸实验元件，清理好元件并归类放入规定的抽屉内。

2.1.6 实验数据处理及试验报告

原始数据和计算结果的格式见表 2-1，计算中用到公式请参考式（2-1）～式（2-6）及教科书。实验前，将实验有关参数的符号和单位、计算公式等，在合适的位置填好，在实验过程中，随时观察并记录下原始数据。实验完成后将记录的数据和计算结果填入表 2-1。

表 2-1 实验数据表

调定参数	溢流阀调压值（MPa）							
	液压泵额定压力（MPa）							
实验测试数据	空载流量（L/min）							
	液压泵输出压力（MPa）							
	泵轴转速（r/min）							
	电机输出功率（kW）							
	泵输出流量（L/min）							
计算数据	泵输出功率（kW）							
	泵容积效率（%）							
	泵总效率（%）							

利用已填好的表 2-1 中的数据，绘制被测试液压泵的流量（功率）-压力特性曲线（图 2-2），以及效率-压力特性曲线（图 2-3）。同一幅图中不同的曲线采用不同的颜色或线型（实线、虚线）进行表达。

2.1.7 思考题

（1）液压泵的容积效率与机械效率主要与什么因素有关？

（2）分析绘制的液压泵特性曲线，试述利用该曲线如何合理选择液压泵。

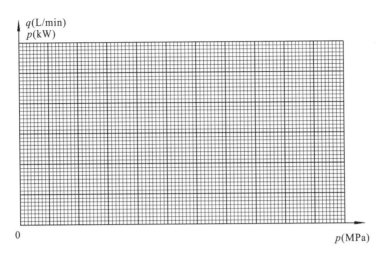

图 2-2 液压泵流量（功率）-压力特性曲线

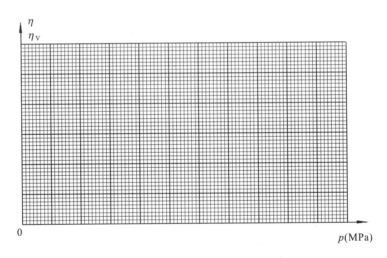

图 2-3 液压泵效率-压力特性曲线

2.2 溢流阀性能测试实验

在液压传动系统中，控制油液压力高低的液压阀称为压力控制阀，简称压力阀。这类阀的共同点是利用作用在阀芯上的液压力和弹簧力相平衡的原理工作的。

在具体的液压系统中，根据工作需要的不同，对压力控制的要求是各不相同的。有的需要限制液压系统的最高压力，如安全阀；有的需要稳定液压系统中某处的压力值（或者压力差、压力比等），如溢流阀、减压阀等定压阀；还有的是利用液压力作为信号控制其动作，如顺序阀以及压力继电器等。溢流阀的主要作用是对液压系统定压或进行安全保护。几乎在所有的液压系统中都需要用到它，其性能好坏对整个液压系统的正常工作有很大影响。溢流阀的性能是反映溢流阀品质、确定其适用场合的重要参数。溢流阀的性能包括静态性能和动态性能。静态性能指溢流阀在稳态情况下，其各参数之间的关系。动态性能指溢流阀被控参数在发生瞬态变化的情况下，其各参数之间的关系。溢流阀在液压系统中的作用通常是保持系统压力恒定。因此，对溢流阀静态性能的要求是溢流阀所控制的系统压力受经溢流阀流回油箱的溢流量的影响尽量小一些，而对其动态性能的要求是溢流阀能在所有工作点稳定工作，超调量较小以及响应较快。在一般应用情况下采用溢流阀的静态性能来作为溢流阀的选用和评定依据。溢流阀的静态性能一般包括压力调节范围和启闭特性等。

我们针对溢流阀的压力调节范围和启闭特性进行实验测试，并以此作为反映溢流阀静态工作性能和质量的主要参考数据。溢流阀动态性能测试对液压实验设备要求较高，这里列为选做实验。

2.2.1 实验目的

（1）理解溢流阀的静态性能。
（2）掌握溢流阀的静态性能测试原理和测试方法。
（3）掌握静态性能指标的内容及意义。
（4）了解溢流阀的动态性能。

2.2.2 实验设备与材料

在溢流阀静态性能实验中，用于进行实验的实验台除了具有必备的液压源、溢流阀和节流阀等液压元件外，还需具备压力及流量显示仪表。在进行溢流阀动态性能实验时，还要求实验台带有数据采集装置，具备实验数据自动记录功能。

2.2.3 实验原理

溢流阀性能实验原理图如图 2-4 所示。在实验中应确保液压油源的流量大于被测试溢流阀的实验流量，允许在给定的基本回路中增设调节压力和调节流量的元件，一般采用调节节流阀（与溢流阀串联或并联）开度大小的形式来调节通过被测溢流阀的流量。在图 2-4 所示测试原理中是通过调节节流阀 4（与溢流阀并联）的开度来调节进入被测试溢流阀的实验流量。实验回路中，溢流阀 3 起到系统安全保护作用，溢流阀 14 为被测试阀。实验中溢流阀的进口测压点 13 应设置在被测试阀的上游，距被测试阀的距离为 5d（d 为管道通径）左右；出口测压点 15 应设

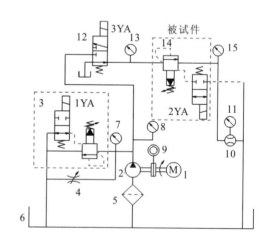

图 2-4 溢流阀性能实验原理图①
1—电机；2—液压泵；3、14—先导式溢流阀带二位二通电磁卸荷阀；4—可调节流阀；5—过滤器；6—油箱；7、8、11、13、15—压力计；9—转速仪；10—流量计；12—二位三通电磁卸荷阀

---

① 溢流阀工业产品的出厂性能测试项目类型较多，其他一些测试项目可以参考溢流阀测试标准（JB/T-10374-2013）。

置在被测试阀的下游,距离被测试阀的距离为 10d 处左右。7、8、11、13、15 均为测压点,其中测压点 13、15 用于记录实验测试数据,测压点 7 用于对系统压力进行监测。测压点 8、11 为预留扩展功能的测压点,可以不计入本实验数据记录项。

2.2.4 实验步骤

1) 溢流阀调压范围测试

先导式溢流阀的调定压力是由先导阀弹簧的压紧力大小决定的,改变弹簧的压缩量就可以改变溢流阀的调定压力。

实验时先将被测试溢流阀 14 关闭,将起安全保护作用的溢流阀 3 完全打开。起动泵使泵处于卸荷状态,待运转 30 s 后,然后切换二位二通卸荷阀,调节溢流阀 3,使泵出口压力上升至额定压力(一般可取被测试阀上限压力值的 115%)。然后将被测试溢流阀 14 完全打开,泵的压力降至最低值,测量并记录溢流阀 14 前的进口压力值。调节被测试溢流阀 14 的手柄,从全开至全关,测量并记录溢流阀 14 前的进口压力值,计算两种情况下的压力差。依次重复上述过程 3 遍,计算 3 次的压力差,注意观察压力的变化是否平稳,其变化范围是否符合规定的调节范围。

2) 溢流阀启闭特性测试

溢流阀的稳态特性包括开启和闭合两个过程,也称为溢流阀的启闭特性。该实验的数据可以使用试验台的数据采集系统进行数据采集。若实验台没有自动数据采集系统,也可以采用人工读数的记录描点法。

将起安全保护作用的溢流阀 3 设置为略高于被测试溢流阀最高实验压力,调节被测试溢流阀 14 的调压手柄至一个试验压力(如额定压力),锁紧手柄;在被测试溢流阀额定流量范围内,选择若干个测量点;通过调整与之并联的节流阀 4 开度以调节通过被测试溢流阀的溢流流量 q(L/min)(由流量计 10 测量),系统压力也随之改变。在溢流量由小变大的调节过程中,测量并记录各测量点的溢流流量 q(L/min)和进口压力 p_1(MPa)值(由压力计 13 测量),获得被测试溢流阀的开启特性;然后,在溢流量由大变小的调节过程中,测量并记录各测量点的溢流流量 q(L/min)和进口压力 p_1(MPa)值,获得被测试溢流阀的闭合特性。

3) 溢流阀动态特性测试(选作)

溢流阀的动态性能一般可以用溢流阀的压力阶跃响应特性作为代表,需对溢流阀进行升压和卸压的动态实验。该实验周期短,压力变化迅速,一般肉眼只能观察到现象,而记录数据有一定的困难,因此需要具有自动数据采集系统的液压试验台才能进行,例如湖南宇航的 YCS-DII 系列试验台[1]、昆山同创的 TC-GY02 系列试验台[2]等。

该实验的步骤是首先让被测试溢流阀升压,维持一段时间后,立刻进行卸荷使溢流阀降压,实时记录这一过程的压力变化情况。一般要求卸荷时间要快,用于卸荷的电磁阀的切换时间不得大于被测试阀的响应时间的 10%。以图 2-4 为例,实验时调节溢流阀 3、节流阀 4 和被测试溢流阀 14,使被测试溢流阀可在设定的试验压力和试验流量下工作。操作电磁铁 2YA 从通电状态突然断电,给被测试溢流阀施加一个升压阶跃信号;升压过程完成后,操

---

[1] 见《YCS-DII 电液压伺服比例综合实验台指导书》。
[2] 见《TC-GY02 液压实验台指导书》。

作电磁铁2YA从断电状态突然通电，给被测试溢流阀施加一个卸压阶跃信号，记录被测试溢流阀进口压力变化全过程，绘制升压和卸压过程的压力响应曲线。

根据被测试溢流阀压力阶跃响应曲线，计算阀的动态性能的主要参数：稳态压力、卸荷压力、压力幅值、压力超调量、压力峰值、升压时间、卸压时间等，这些参数一般可由液压实验台软件自动计算完成。溢流阀的动态特性曲线及主要参数物理意义可参见图2-5所示。

2.2.5 试验中的注意事项

在进行溢流阀升压或降压的调节过程中，应逐步平稳地转动调节旋钮（手柄），为保持压力升降的连贯性，不允许在压力上升（或下降）过程中，出现压力下降（上升）现象后，再继续升压（降压）的操作。

在实验过程中，不要随意触动压力、流量测量仪器或测量传感器。在实验过程中出现问题时，应立即关闭液压泵，待系统释压后才能再次启动。

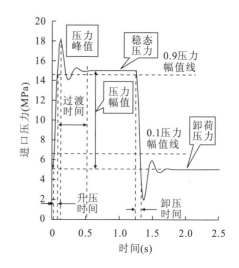

图2-5 溢流阀压力阶跃响应特性曲线

2.2.6 实验数据处理及试验报告

通过溢流阀调压范围测试，可以记录下每次实验时溢流阀的调压范围，将实验结果和计算结果填写到表2-2。

表2-2 溢流阀调压实验数据

实验次数	第一次实验			第二次实验			第三次实验		
实验项目	最高压力	最低压力	压力差	最高压力	最低压力	压力差	最高压力	最低压力	压力差
溢流阀进口压力（MPa）									

溢流阀启闭特性实验中的数据填写记录到表2-3中，然后根据实验数据在图2-6中绘制相应的溢流阀启闭特性曲线。能够进行溢流阀动态性能实验的实验台一般均有数据自动记录和图形绘制功能，试验完成后可以导出溢流阀动态特性曲线图并粘贴于教材空白处。图2-5是利用湖南宇航公司的YCS-DII系列试验台获取的溢流阀动态特性曲线图。

表2-3 溢流阀启闭性能实验数据表

被测试阀调定压力（MPa）										
测试项目	开启特性	被测试阀入口压力（MPa）								
		溢流量（L/min）								
	闭合特性	被测试阀入口压力（MPa）								
		溢流量（L/min）								

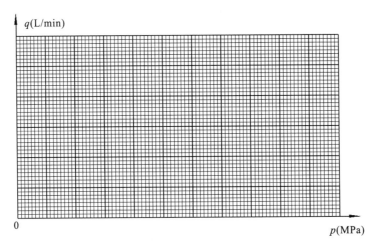

图 2-6 溢流阀启闭特性曲线绘制图

2.2.7 思考题

(1) 为什么说溢流阀的调压偏差越小越好?
(2) 观察溢流阀的启闭特性曲线有何特点?请分析启闭特性曲线不重合的原因。

2.3 减压阀性能测试实验

减压阀是使出口压力(二次压力)低于进口压力(一次压力)的一种压力控制阀。其作用是降低液压系统中某一回路的油液压力,使一个油源能同时提供两个或几个不同压力的输出。减压阀在各种液压设备的夹紧系统、润滑系统和控制系统中应用较多。此外,当油液压力不稳定时,在回路中串入一减压阀可得到一个稳定的较低的压力。减压阀的基本特性包括调压范围、压力特性和流量特性。调压范围是指减压阀输出压力 p_2 的可调范围,在此范围内要求达到规定的精度。调压范围主要与调压弹簧的刚度有关。压力特性是指当流量 q 为定值时,因输入压力 p_1 波动而引起输出压力 p_2 波动的特性。输出压力波动越小,减压阀的特性越好。流量特性是指输入压力 p_1 一定时,输出压力 p_2 随输出流量 q 的变化而变化的特性。当流量 q 发生变化时,输出压力的变化越小越好。

我们针对减压阀的压力调节范围、压力特性(p_1-p_2)以及流量特性($q-p_2$)进行实验测试,并以此作为减压阀工作性能的主要参考数据。

2.3.1 实验目的

(1) 掌握减压阀的静态特性测试原理和测试方法。
(2) 掌握减压阀压力特性曲线的测试方法,深入理解进口压力对出口压力的影响。
(3) 掌握减压阀流量特性曲线的测试方法,深入理解流量对出口压力的影响。

2.3.2 实验设备与材料

在减压阀的性能实验中,实验台除具有必备的液压源、溢流阀和节流阀等液压元件外,还需具备（进口与出口）压力、流量传感器及压力、流量数据采集记录功能。

2.3.3 实验原理

在实验中应确保液压油源的流量大于被测试减压阀的试验流量；允许在给定的基本回路中增设调节压力和调节流量的元件，一般采用调节节流阀（与溢流阀串联或并联）开度大小的形式来调节通过被测减压阀的流量。在图 2-7 所示的实验回路原理图中，溢流阀 3 起到系统安全保护作用；节流阀 16 起流量调节作用；减压阀 14 为被测试阀。实验中减压阀 14 的进口测压点应设置在被测试阀的上游，距被测试阀的距离为 5d（d 为管道通径）左右；出口测压点应设置在被测试阀的下游，距离被测试阀的距离为 10d 处左右。7、8、11、13、15 均为测压点，其中测压点 13、15 用于记录实验测试数据，测压点 7 用于对系统压力进行监测。测压点

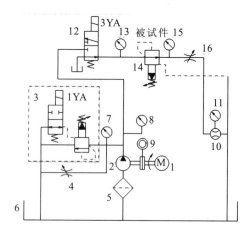

图 2-7 减压阀性能实验原理图
1—电机；2—液压泵；3—先导式溢流阀带二位二通电磁卸荷阀；4、16—可调节流阀；5—过滤器；6—油箱；7、8、11、13、15—压力计；9—转速仪；10—流量计；12—二位三通电磁卸荷阀；14—先导式减压阀

8、11 为预留扩展功能的测压点，可以不计入本实验数据记录项。

2.3.4 实验步骤

1）减压阀调压范围测试

实验时先将起安全保护作用的溢流阀 3 完全打开。启动泵使泵处于卸荷状态，待运转半分钟后，然后切换二位二通卸荷阀 1YA，调节溢流阀 3，使泵出口压力至额定压力。通过与减压阀串联的节流阀 16 调节通过减压阀的流量（如额定流量），调节被测试减压阀的调节手柄，使其从全紧至全松，测量并记录减压阀阀后的出口压力值 p_2（MPa）（由压力计 15 测量），计算两种情况下的压力差。依次重复上述过程 3 遍，计算 3 次的压力差，注意观察压力的变化是否平稳，其变化范围是否符合规定的调节范围。

2）减压阀压力特性与流量特性测试

我们希望减压阀在减压的同时还能保持输出压力的稳定，因此考察减压阀出口压力与入口压力或入口流量的关系十分重要，这是减压阀的静态特性的重要反映。

减压阀压力特性反映了减压阀出口压力随入口压力变化的性能。

将被测试减压阀置于实验油路中，保持流量稳定，调节被测试阀的调压手柄至被测试减压阀出口压力为一个设定的试验压力 p_2（MPa）（如 75% 额定压力）锁紧调压手柄；在被测试阀的额定压力范围内设置若干个测量点（如 8 个点）；通过调节溢流阀 3 调压手柄由松到紧，使被测试减压阀的进口压力从稍高于最低调压范围至额定压力值，测量记录各测量点的被测试减压阀出口压力 p_2 和入口压力 p_1 值（由压力计 13 测量）。

减压阀流量特性反映了减压阀出口压力随通过阀流量变化的性能。

将被测试减压阀置于实验油路中，调节溢流阀 3，使得减压阀前压力 p_1 维持一个稳定

值，然后调节被测试阀的调压手柄至被测试减压阀出口压力为一个设定的试验压力 p_2(MPa)（如75％额定压力）锁紧调压手柄；在被测试减压阀的额定流量范围内，设置若干个测量点；通过节流阀16调节被测试减压阀流量 q(L/min)，测量记录各测量点被测试减压阀出口压力 p_2 和流量 q 值。

2.3.5 实验中的注意事项

实验完成后，放松溢流阀，关停电机，待回路中压力为零后拆卸元件，清理好元件并归类放入规定的抽屉内。测量仪表连接时要排除连接管道内的空气。测温点的位置设置在油箱的一侧，直接浸泡在液压油中。实验应采用符合清洁度等级的液压油，实验过程中液压油温度变化不能过大，一般不超过±4℃。

2.3.6 实验数据处理及试验报告

通过减压阀调压范围测试，可以记录下每次实验时减压阀的调压范围，将实验结果及其差值填写到表2-4。

表2-4 减压阀调压实验数据

实验次数与参数 压力值	第一次实验			第二次实验			第三次实验		
	最高压力	最低压力	压力差	最高压力	最低压力	压力差	最高压力	最低压力	压力差
减压阀出口压力（MPa）									

在减压阀压力特性实验中，将测得的各点减压阀进口压力值和出口压力值填入表2-5，并由该表数据在图2-8中绘制相应的减压阀压力特性曲线，其中纵坐标为出口压力，横坐标为进口压力。同理，在减压阀流量特性实验中，将测得的各点对应的减压阀流量值和出口压力值填入表2-6，并由该表数据在图2-9中绘制相应的减压阀流量特性曲线，其中纵坐标为出口压力，横坐标为流量。

表2-5 减压阀压力特性实验数据

压力类型\序号	1	2	3	4	5	6	7	8
进口压力 p_1（MPa）								
出口压力 P_2（MPa）								

表2-6 减压阀流量特性实验数据

测试项目\序号	1	2	3	4	5	6	7	8
流量 q（L/min）								
出口压力 p_2（MPa）								

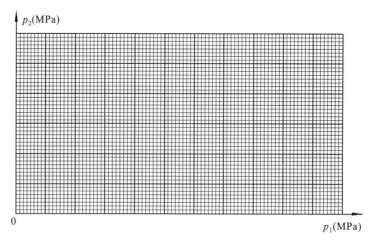

图 2-8 减压阀压力特性曲线图

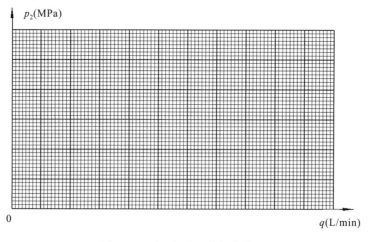

图 2-9 减压阀流量特性曲线图

2.3.7 思考题

(1) 减压阀进口压力对出口压力有影响吗？如有影响，其原因是什么？
(2) 如何根据减压阀流量特性曲线分析减压阀的品质？

2.4 液压缸性能测试实验

2.4.1 实验目的

(1) 了解液压缸的起动压力特性。
(2) 了解在液压系统中液压缸负载效率的概念及其压力的变化情况。

2.4.2 实验设备与材料

在液压缸的性能测试实验中,实验台除了具有必备的液压源、溢流阀和节流阀等液压元件外,还需具备压力、流量传感器。被测试液压缸为单杠双作用液压缸,其加载一般采用加载液压缸加载(也可采用重物模拟加载)。

2.4.3 实验原理

液压缸性能测试实验原理图如图2-10所示,其中10为被测试液压缸,11为加载缸。在进行液压缸起动压力特性实验时,加载缸不参与工作;在进行液压缸负载效率特性实验时,加载缸参与工作,用于给被测试液压缸施加负载,它们分别由两个泵驱动。溢流阀3用于调整液压缸工作压力,单向节流阀7用于调整液压缸运动速度。

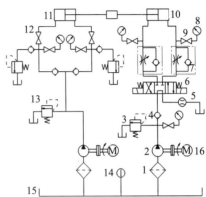

图2-10 液压缸性能测试实验原理图
(GB/T-15622-2005)[①]

1—过滤器;2—液压泵;3、13—溢流阀;4—单向阀;5—流量计;6—电磁换向阀;7—单向节流阀;8—压力表;9—压力表开关;10—被测试液压缸;11—加载缸;12—截止阀;14—温度计;15—油箱;16—电机

2.4.4 实验步骤

1) 最低起动压力的测试

测试液压缸的最低起动压力时,将被测试液压缸10置于空载工况下,向液压缸无杆腔通入压力油,逐步提高进油压力,同时测量并记录进油压力和活塞位移,当液压缸产生位移时刻的压力值为最低起动压力,应测量3~5次,计算其平均值。

测量时,负载缸应脱离工作缸保持静止状态,利用溢流阀3调节被测试液压缸的进油压力。

2) 液压缸的负载效率的测试

液压缸的负载效率可按下式计算:

$$\eta = \frac{W}{pA} \times 100\% \tag{2-7}$$

式(2-7)中 p、A 分别是被测试液压缸无杆腔的压力及活塞面积,W 为负载力的大小,可以采用在被测试液压缸的活塞杠杆上安装测力计直接进行测量,如无测力计则按照式(2-8)进行估算。

$$W = p_w \times A_w \tag{2-8}$$

式(2-8)中 p_w、A_w 分别为加载缸无杆腔的压力与活塞面积。负载效率特性是指负载效率随工作缸(被测试缸)工作压力 p_2 变化的情况。

测试时,调节溢流阀3为一个系统设定压力,锁紧手柄;节流阀7为全开,锁紧手柄。

---

① 液压缸工业产品的出厂性能测试项目类型较多,其他一些测试项目(如泄漏测试、耐压测试等)可以参考液压缸测试标准(GB/T-15622-2005)。

设定若干个加载压力测量点,由小至大调节加载缸一侧的溢流阀 13(即调节负载缸的工作压力,调节工作缸的负载),使被测试液压缸保持匀速运动,记录下各加载点的压力值大小,按照式(2-7)计算出不同被测试缸进口压力(无杆腔压力)下的负载效率值。

2.4.5 实验中的注意事项

在进行实验前应进行液压缸的试运转,调整系统压力,使被测试液压缸能在无负载工况下运动,并全程往复运动数次,确保排尽液压缸内空气。在进行液压缸起动压力测试时,溢流阀升压过程应缓慢进行。

2.4.6 实验数据处理及实验报告

在液压缸最低起动压力实验中,将每次实验的数据记录下来并填写到表 2-7 中,然后将 4 次实验的数据进行平均,作为被测试液压缸的起动压力。

表 2-7 液压缸起动压力实验数据表

测试项目	1	2	3	4	平均值
流量 q (L/min)					
起动压力 p (MPa)					

在液压缸的负载效率试验中,记录下被测试液压缸的压力及负载力值,按照有关公式计算出液压缸负载效率,根据上述数据绘制被测试液压缸负载效率特性曲线图(图 2-11),其中横轴为被测试液压缸压力值,纵轴为被测试液压缸计算效率值。

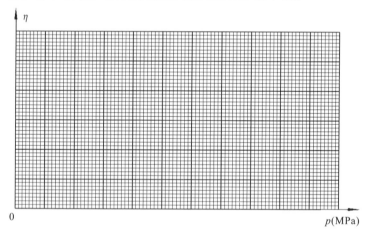

图 2-11 液压缸负载效率特性曲线图

2.4.7 思考题

(1) 当外负载为零时,液压缸工作腔压力等于零吗?为什么?

(2) 根据实验得到的被测试液压缸负载效率特性曲线,说明被测试液压缸适宜的工作范围。

3 液压传动与控制基本回路实验

液压基本回路就是由有关的液压元件组成用来完成某种特定功能的典型回路。液压系统都是由一些常用基本回路组成的,这些基本回路具有不同的功用,只有掌握其基本工作原理、组成及特点,才能准确分析、正确使用和维护。本章主要介绍 4 部分内容:压力控制基本回路实验、速度控制基本回路实验、方向控制基本回路实验和电液比例控制回路实验。

3.1 压力控制基本回路实验

压力控制基本回路是控制液压系统整体或系统中某一部分的压力,以满足执行元件对力或力矩要求的回路,防止系统过载以及减少能量消耗。这类回路一般包括调压回路、减压回路、增压回路、卸荷回路、保压回路和平衡回路等多种回路。

3.1.1 调压和卸荷回路实验

1) 实验目的
(1) 掌握直接调压、二级调压和卸荷回路的工作原理,熟悉该种回路的连接方法。
(2) 了解调压和卸荷回路的组成、性能特点及其应用。
2) 实验任务
(1) 直接调压。
(2) 二级调压。
(3) 了解卸荷的过程。
3) 实验设备
主要实验设备如表 3-1 所示。

表 3-1 调压和卸荷回路实验设备

设备名称	数量
三位四通电控换向阀	1 个
溢流阀	2 个
压力表	1 个
液压动力单元	1 套

4) 实验原理
调压和卸荷回路实验液压系统原理图如图 3-1 (a) 所示,图 3-1 (b) 为实物连线图。实验中,在液压泵出口处并联有溢流阀 3,防止系统压力过大,其远程控制口 K 串联三位四通换向阀 4。当三位四通换向阀 4 处于中位时,系统的压力 p_1 的值由溢流阀 3 所设定的压力值决定;当三位四通换向阀 4 处于左位时,溢流阀 3 的远程控制口 K 与溢流阀 5 连通,

并且溢流阀 3 的设定压力 p_1 和远程调压溢流阀的设定压力 p_2 符合 $p_1 > p_2$ 时，系统的压力由溢流阀 5 所设定的压力值决定。当三位四通电控换向阀 4 处于右位时，溢流阀 3 的远程控制口 K 与油箱相连，系统进行卸荷。

（1）直接调压回路。直接调压回路的原理是直接通过图 3-1 原理图中的溢流阀 3 进行调压。

（2）二级调压回路。二级调压回路的原理是通过图 3-1 原理图中的溢流阀 3、5 实现二级压力控制。

（3）卸荷回路。卸荷回路的原理是通过把溢流阀远控油路直接通油箱，使得溢流阀 3 卸荷，压力表 P1 处值最小。

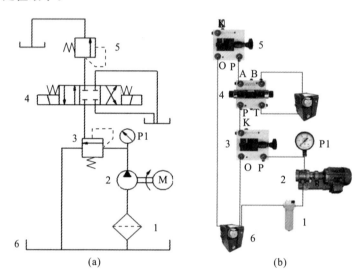

图 3-1　调压和卸荷回路实验液压系统原理图及实物连线图
1—滤油器；2—液压泵；3、5—溢流阀；4—三位四通换向阀；6—油箱；P1—压力表

5）实验步骤

根据图 3-1 中的调压和卸荷回路原理图搭建液压回路，将溢流阀 3 的远控口用油管连接到三位四通换向阀上并完全打开溢流阀，使换向阀 4 处于中位，启动液压动力单元进行实验。

（1）直接调压。调节溢流阀 3，使压力表 P1 值由小变大，反复进行两次，注意不要使 P1 的值超过液压动力单元的最大压力。

（2）二级调压。关闭溢流阀 5，调节溢流阀 3，使压力表 P1 调至 4MPa，使换向阀 4 处于左位，调节溢流阀 5，观察压力表 P1 的值。在实验过程中可以发现，溢流阀 5 调节得越松，压力表 P1 的值就越小，压力表 P1 的值由溢流阀 5 决定，这样就实现了二级调压控制。

（3）卸荷。调节溢流阀 5，使压力表 P1 值调至 2MPa，使换向阀 4 处于右位，溢流阀 3 远控油路直接连通油箱，此时压力表 P1 值降至最低，至此完成液压回路卸荷工作。

6）实验报告

画出直接调压、二级调压和卸荷回路的出油走向，并写出其工作原理。

7）思考题

（1）在直接调压实验中为什么要使换向阀 4 处于中位？

(2) 在二级调压实验中,如果溢流阀 5 的调节压力大于溢流阀 3 的初始调节压力时,压力表 P1 显示的压力是由哪个阀决定的?

(3) 在卸荷实验中为什么要使换向阀 4 处于右位?

3.1.2 减压回路实验

1) 实验目的

通过搭建减压回路,了解回路的组成和工作原理,熟悉该种回路的连接方法。

2) 实验任务

搭建减压回路,并根据实验步骤完成实验。

3) 实验设备

主要实验设备如表 3-2 所示。

表 3-2 减压回路实验设备

设备名称	数量
三位四通电控换向阀	1 个
液压缸	1 个
溢流阀	1 个
单向节流阀	1 个
单向调压阀	1 个
压力表	3 个
液压动力单元	1 套

4) 实验原理

减压回路实验液压系统原理图如图 3-2 (a) 所示,图 3-2 (b) 为实物连线图。减压回路的作用是使系统的支路获得可以调节的低压状态,多用于工件的夹紧等控制油路中。减压阀是减压回路中的主要功能元件,减压阀的工作条件是:作用在该回路上的负载压力要不低于其减压阀的调定压力,保证主阀芯处于工作的状态。

5) 实验步骤

(1) 根据图 3-2 中的减压回路原理图搭建液压回路,将溢流阀 3 全部打开,启动液压动力单元。

(2) 调节溢流阀 3,使压力表 P1 值调至 4MPa。

(3) 将减压阀 6 全部打开(无减压),使三位四通电磁换向阀 4 通电处于左位,当液压缸活塞杆向右前进移动过程中,调节节流阀 7,观察减压阀 6 进出油口压力表 P2、P3 值的变化。

(4) 当液压缸活塞杆向右前进移动到最右端时,调节减压阀 6,观察进出口压力表 P2、P3 值的变化。

(5) 将减压阀 6 调节到中间位置,调节溢流阀 3,观察减压阀 6 进出油口压力表 P2、P3

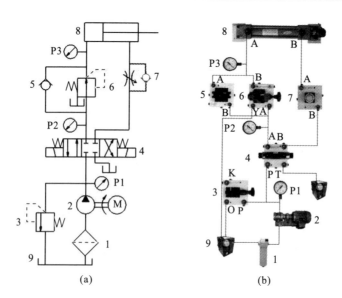

图 3-2 减压回路实验原理图及实物连线图
1—滤油器；2—液压泵；3—溢流阀；4—三位四通换向阀；5—单向阀；6—减压阀；7—单向节流阀；
8—液压缸；9—油箱；P1、P2、P3—压力表

压力值的变化。

(6) 使三位四通电磁换向阀 4 通电处于右位，退回液压缸，调节溢流阀 3，使压力表 P1 值调至 3MPa，重复步骤 (3) ~ (5)。

6) 实验报告

(1) 填写实验记录表，将实验结果填写到表 3-3。

表 3-3 减压回路实验记录表

实验内容	次数	压力表 P2 值（MPa）	压力表 P3 值（MPa）
减压阀 6 全部打开（无减压）时，调节节流阀 7，压力表 P2、P3 示数	1		
	2		
调节减压阀 6，进出口压力表 P2、P3 示数	1		
	2		
减压阀 6 调节到中间位置，减压阀进出油口压力表 P2、P3 示数	1		
	2		

7) 思考题

(1) 使用减压阀进行减压实验时有什么条件？当压力表 P1 值小于 P3 值的时候会出现什么情况，为什么？

(2) 减压阀的工作原理是什么？

3.2 速度控制基本回路实验

液压系统的优点之一就是能方便地实现无级调速,相比较齿轮传动等机械传动形式具有很大的优势。在液压系统中,执行元件的速度是由供给执行元件的液体流量和作用在执行元件上的有效工作面积来决定的。因此,控制执行元件的速度只能通过改变输入执行元件的液体流量或者执行元件的有效工作面积实现,但在实际过程中执行元件的有效工作面积一般固定不变,所以对液压系统来说只能通过改变输入执行元件的液体流量来调速。改变流量可以通过节流元件实现,例如节流阀,也可以通过采用变量泵的方法实现,前者称为节流调速,后者称之为容积调速。

3.2.1 节流调速回路实验

1) 实验目的

(1) 掌握节流调速回路工作原理,熟悉液压回路的连接方法。

(2) 了解节流调速回路的组成、性能特点及其应用。

2) 实验任务

搭建节流调速回路,能对组装过程中出现的故障进行分析和排除,并根据实验步骤完成实验。

3) 实验设备

主要实验设备如表3-4所示。

表3-4 节流调速回路实验设备

设备名称	数量
三位四通电控换向阀	1个
液压缸	1个
溢流阀	1个
节流阀	2个
单向阀	1个
流量计	1个
压力表	1个
液压动力单元	1套

4) 实验原理

液压传动系统中,调速回路占有重要地位。按照液压传动基本原理,改变执行元件的速度其实就是改变进入执行元件的流量,在工业生产中最常见的是采用节流阀改变流量,节流阀是通过改变节流截面或节流长度以控制流体流量的阀门。由于节流阀没有流量负反馈功能,不能补偿由负载变化所造成的速度不稳定,一般仅用于负载变化不大或对速度稳定性要求不高的场合。

节流调速回路又分为3类:进口节流调速、出口节流调速和旁路节流调速回路。在实验中我们采用进口节流调速回路和旁路节流调速回路。节流调速回路实验液压系统原理图如图3-3（a）所示，图3-3（b）为实物连线图。

进油节流调速回路：在回路中节流阀5和单向阀6并联组合成单向节流阀，关闭节流阀7，当三位四通换向阀4处于左位时，主油路与液压缸8无杆腔连通，液压油通过节流阀5进行节流，控制进入液压缸的流量，有杆腔中的液压油通过回路流回油箱；当三位四通换向阀4处于右位时，主油路与液压缸8有杆腔连通，无杆腔中的液压油通过单向阀6流回油箱，活塞杆退回。

旁路节流调速回路：完全打开节流阀5，当三位四通换向阀4处于左位时，主油路与液压缸8无杆腔连通，液压油通过节流阀7进行旁路节流，控制进入液压缸的流量，有杆腔中的液压油通过回油路流回油箱；当三位四通换向阀4处于右位时，主油路与液压缸8有杆腔连通，无杆腔中的液压油通过单向阀6流回油箱，活塞杆退回。

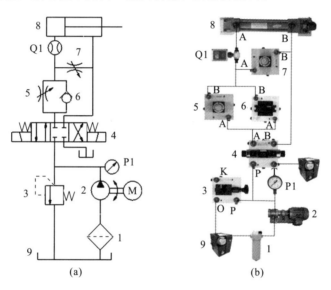

图3-3 节流调速回路实验原理图及实物连线图

1—滤油器；2—液压泵；3—溢流阀；4—三位四通电磁换向阀；5、7—节流阀；6—单向阀；
8—液压缸；9—油箱；P1—压力表；Q1—流量计

5）实验步骤

实验时，三位四通电磁换向阀4处于中位，打开液压动力单元，关闭节流阀5和7，调节溢流阀3使压力表P1调节到2MPa。

（1）使三位四通换向阀4处于左位，调节节流阀5，观察液压缸活塞杆的运动情况，并记录其运动的时间和进入液压缸中液压油的流量。

（2）使三位四通换向阀4处于右位，退回液压缸活塞杆，重复步骤（1），适当加大节流阀5开度，记录实验数据。

（3）完全打开节流阀5和7，使三位四通换向阀4处于左位，调节节流阀7，观察液压缸活塞杆的运动情况，并记录其运动的时间和进入液压缸中液压油的流量。

（4）使三位四通换向阀4处于右位，退回液压缸活塞杆，重复步骤（3），适当加大节流阀7开度，记录实验数据。

(5) 实验完毕后，首先旋松回路中的溢流阀 3 手柄，然后将泵关闭，确认回路中压力为零后方可将液压管和元件取下，清理元件。

6) 实验报告

(1) 填写实验记录表（表 3-5）。

(2) 分别画出进油口节流调速和旁路节流调速回路原理图。

表 3-5 节流调速回路实验记录表

实验项目	次数	液压缸运动时间（s）	进入液压缸的流量（L/min）
进油口节流调速	1		
	2		
旁路节流调速	1		
	2		

7) 思考题

(1) 节流阀的工作原理是什么？

(2) 进油口节流调速和旁路节流调速各有什么优缺点？

3.2.2 差动回路实验

1) 实验目的

通过搭建差动回路，了解回路的组成和差动回路的工作原理。

2) 实验任务

搭建差动回路，能对组装过程中出现的故障进行分析和排除，并根据实验步骤完成实验。

3) 实验设备

主要实验设备如表 3-6 所示。

表 3-6 节流调速回路实验设备

设备名称	数量
三位四通换向阀	1个
二位二通换向阀	1个
液压缸	1个
溢流阀	1个
节流阀	1个
单向阀	1个
压力表	1个
液压动力单元	1套

4) 实验原理

工作机构在一个工作循环过程中，不同的工作阶段对执行元件的执行速度一般有不同的要求，空行程速度一般比较高，承受负载时速度相应地要低一些。在不增加功率的情况下，采用快速回路来提高工作机构的空行程速度是工业上常用的方法之一，差动回路就是快速回路中的一类。

差动回路的原理就是在液压缸活塞杆伸出的行程中，无杆腔供油，同时油缸有杆、无杆两腔的供油管线互相连通，此时油缸活塞因为有杆腔的回油直接流入无杆腔，因此，伸出的速度比常规的伸出速度要快。差动回路实验液压系统原理图如图3-4(a)所示，图3-4(b)为实物连线图，图中三位四通换向阀的作用是控制液压缸8的伸缩，二位二通换向阀7的作用是切换差动回路。

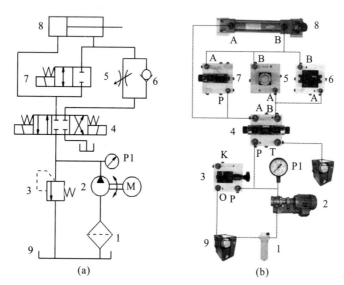

图3-4　差动回路实验原理图及实物连线图

1—滤油器；2—液压泵；3—溢流阀；4—三位四通电磁换向阀；5—节流阀；6—单向阀；
7—二位二通电磁换向阀；8—液压缸；9—油箱；P1—压力表

5) 实验步骤

按照实验回路图的要求，选取所需的液压元件并检查性能是否完好。将检验好的液压元件安装在插件板的适当位置，通过快速接头和软管按回路要求连接。实验前，放开溢流阀3，开启液压动力单元，调节溢流阀3使压力表P1调节到2MPa。

(1) 使三位四通换向阀4处于左位，记录液压缸8活塞杆从左运动到右所需要的时间。

(2) 使三位四通换向阀4处于右位，退回液压缸活塞杆，记录活塞杆从右运动到左所需要的时间。

(3) 使二位二通换向阀7处于左位，切换到差动回路。

(4) 使三位四通换向阀4处于左位，记录液压缸8活塞杆从左运动到右所需要的时间。

(5) 先使二位二通换向阀7处于右位（复位），解除差动连接，再使三位四通换向阀4处于右位，退回液压缸活塞杆，记录活塞杆从右运动到左所需要的时间。重复以上步骤。

6) 实验报告

(1) 完成表 3-7 所示的实验记录表。

(2) 记录实验中使用液压元器件的型号并说明其型号意义。

表 3-7 差动回路实验记录表

液压缸无杆腔有效面积 S_1 _____,液压缸有杆腔有效面积 S_2 _____,油液温度 _____ ℃

实验内容		活塞杆前进			活塞杆后退		
项目	次数	活塞杆行程(mm)	时间(s)	活塞杆速度(mm/s)	活塞杆行程(mm)	时间(s)	活塞杆速度(mm/s)
非差动	1						
	2						
差动	1						
	2						

7) 思考题

(1) 若实验中把单活塞杆液压缸换成双活塞杆液压缸能否实现差动回路,为什么?

(2) 简述差动回路的应用场所及应用条件。

3.3 方向控制基本回路实验

液压系统中,执行元件的启动和停止是通过控制进入执行元件的液流通或断来实现的,执行元件运动方向的改变是通过改变流入执行元件液流方向实现的,实现上述功能的回路称为方向控制回路。

3.3.1 行程开关控制液压缸动作回路实验

1) 实验目的

通过搭建液压回路,了解回路的组成和液压缸换向回路的工作原理。

2) 实验任务

搭建行程开关控制液压缸动作回路,能对组装过程中出现的故障进行分析和排除,并根据实验步骤完成实验。

3) 实验设备

主要实验设备如表 3-8 所示。

表 3-8 行程开关控制液压缸动作回路实验设备

设备名称	数量
三位四通电磁换向阀	1 个
液压缸	1 个
溢流阀	1 个
节流阀	1 个
行程开关	2 个
压力表	1 个
液压动力单元	1 套

4）实验原理

行程开关控制液压缸动作回路实验液压系统原理图如图3-5（a）所示，图3-4（b）是实物连线图。实验中，三位四通电磁换向阀5的作用是控制液压缸活塞杆伸缩，两个行程开关的作用是控制三位四通电磁换向阀的阀位，当液压缸活塞杆伸出，触碰到K2行程开关时，三位四通电磁换向阀切换到右位，这时液压缸活塞杆收回。同理，当活塞杆在收回过程中触碰到K1行程开关时，三位四通电磁换向阀切换到左位，这时液压缸活塞杆伸出，如此循环往复。

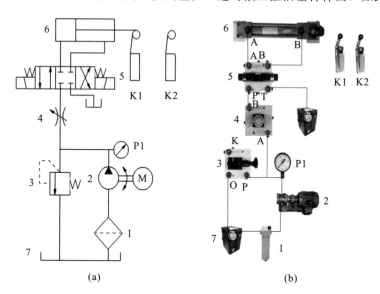

图3-5　行程开关控制液压缸动作回路实验原理图及实物连线图
1—滤油器；2—液压泵；3—溢流阀；4—节流阀；5—三位四通电磁换向阀；6—液压缸；
7—油箱；K1、K2—行程开关；P1—压力表

5）实验步骤

检查在实验台上搭建的液压回路是否正确，把行程开关与电磁换向阀连接到控制面板上。如确定无误，接通电源，启动电气控制面板的开关，启动液压动力单元。

使三位四通电磁换向阀5处于左位，液压缸活塞杆向右运动，活塞杆触碰到K2行程开关后返回，活塞杆触碰到K1行程开关后三位四通电磁换向阀处于右位，如此反复运动，实验中适当调节节流阀4，控制活塞杆的运动速度。

6）实验报告

分别画出液压缸活塞杆伸出时和缩回时的液压油走向，完成电磁铁和行程开关的动作顺序表。

7）思考题

在液压缸活塞杆换向时可以观察到压力表P1出现突然升高的现象，这种现象称之为液压冲击，在什么情况下容易出现液压冲击，该如何避免？

3.3.2　顺序阀控制的顺序回路实验

1）实验目的

（1）掌握顺序回路的工作原理，熟悉液压回路的连接方法。

(2) 了解液压顺序回路的组成、性能特点及其应用。

(3) 了解油路中的压力油、非压力油走向，充分了解各种液压元件的工作原理及使用性能。

2) 实验任务

搭建顺序阀控制的顺序回路，能对组装过程中出现的故障进行分析和排除，并根据实验步骤完成实验。

3) 实验设备

主要实验设备如表 3-9 所示。

表 3-9 顺序阀控制的顺序回路实验设备

设备名称	数量
三位四通电磁换向阀	1 个
液压缸	2 个
溢流阀	1 个
顺序阀	1 个
压力表	2 个
液压动力单元	1 套

4) 实验原理

在液压传动系统中，用一个动力单元向两个或者两个以上的执行元件提供压力油，按各液压缸之间运动关系要求进行控制，完成预定的工作顺序的回路，称为多缸运动回路。多缸运动回路分为顺序运动回路、同步运动回路和互不干扰回路等。

顺序阀控制的顺序回路实验液压系统原理图如图 3-6 (a) 所示，图 3-6 (b) 为实物

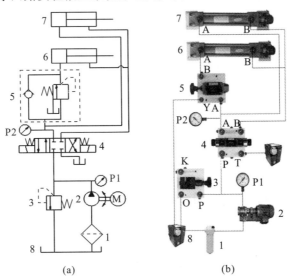

图 3-6 顺序阀控制的顺序回路实验原理图及实物连线图

1—滤油器；2—液压泵；3—溢流阀；4—三位四通电磁换向阀；5—顺序阀；

6、7—液压缸；8—油箱；P1、P2—压力表

连线图。本实验中采用的是压力控制的方式,当三位四通电磁换向阀 4 处于中位时,两个液压缸不动作。当三位四通电磁换向阀 4 处于左位时,且顺序阀 5 的调定压力大于液压缸的最大工作压力时,液压油先进入液压缸 7 的无杆腔,液压缸 7 活塞杆向右运动到终点后压力上升,当压力油所产生的压力大于顺序阀 5 的设定压力时,顺序阀 5 打开,压力油进入液压缸 6 的无杆腔,使活塞杆向右运动。当三位四通电磁换向阀 4 处于右位时,两缸几乎同时退回。

5) 实验步骤

按照实验原理图搭建回路,放松溢流阀 3,检查在实验台上搭建的液压回路是否正确。如确定无误,启动液压动力单元,调节溢流阀 3,使得系统压力设定在 2MPa(或大于顺序阀调定压力 0.5MPa 左右)。

(1) 使三位四通电磁换向阀 4 处于左位,液压缸 7 开始动作,记录活塞杆移动时间和压力值,当液压缸活塞杆移动到最右端时,液压缸 6 开始动作,记录活塞杆移动时间和压力值。

(2) 使三位四通电磁换向阀 4 处于右位,液压缸 6 和液压缸 7 同时退回,重复步骤(1)。

6) 实验报告

(1) 完成表 3-10 所示的实验记录表。

表 3-10 顺序阀控制的顺序回路实验记录表

记录项		液压缸 6				液压缸 7			
内容	次数	液压缸行程(mm)	时间(s)	压力(MPa)		液压缸行程(mm)	时间(s)	压力(MPa)	
				压力表 P1	压力表 P2			压力表 P1	压力表 P2
顺序阀	1								
	2								

7) 思考题

顺序阀控制的顺序回路实验的原理是什么?

3.4 电液比例控制回路实验

比例控制是实现组件或系统的被控制量(输出)与控制量(输入或指令)之间线性关系的技术手段,依靠这一手段要保证输出量的大小按确定的比例随着输入量的变化而变化。

电液比例阀是以传统的工业用液压控制阀为基础,采用模拟式电气-机械转换装置将电信号转换为位移信号,连续地控制液压系统中工作介质的压力、方向或流量的一种液压组件。电液比例阀工作时,阀内电气-机械转换装置根据输入的电压信号产生相应动作,使工作阀阀芯产生位移,阀口尺寸发生改变并以此完成与输入电压成比例的压力、流量输出。阀芯位移可以机械、液压或电的形式进行反馈。以电液比例阀为核心的电液比例控制回路,与采用传统控制阀组成的普通液压控制回路相比,能够简化系统结构,实现对执行元件位移、速度和输出力的精确控制。电液比例控制回路包括电液比例速度控制回路、电液比例位置控制回路及电液比例压力控制回路。本书以电液比例压力控制回路为例介绍电液比例控制回路的实验方法和步骤,其他一些电液比例阀测试和电液比例控制回路实验可以参考湖南宇航公司《YCS-DⅡ电液压伺服比例综合实验台操作手册》或其他类似的参考资料。

电液比例压力控制可以实现无级调压,几乎可以实现任意形状的压力-时间(行程)曲线,使升压、降压过程平稳且迅速。电液比例压力控制提高了系统的性能,又使系统大大简化,但电液比例压力控制回路与传统压力控制回路相比,其电气控制技术比较复杂,成本也较高。

电液比例压力控制回路实验

1) 实验目的

通过搭建电液比例压力控制回路,了解回路的组成和工作原理,熟悉液压回路的连接方法。

2) 实验任务

搭建电液比例压力控制回路,并根据实验步骤完成实验。

3) 实验设备

主要实验设备如表3-11所示。

表3-11 电液比例压力控制回路实验设备

设备名称	数量
三位四通电磁换向阀	1个
液压缸	1个
溢流阀	1个
电液比例减压阀	1个
压力表	3个
液压动力单元	1套

4) 实验原理

比例压力阀工作时,计算机输出相应的电信号,通过比例放大器的放大作用为比例阀线圈提供驱动电流,这样就可以通过改变输入比例电磁铁的电流,在额定值内任意设定系统压力。适用于多级调压系统。其工作原理如图3-7所示。

图3-7 比例压力阀工作原理图

电液比例压力控制既可以采用电液比例溢流阀构成比例压力控制回路,也可以采用电液比例溢流阀减压阀构成比例压力控制回路。前者将电液比例溢流阀与主回路并联,而后者将电液比例减压阀串联在主回路。这里介绍采用电液比例减压阀的比例压力控制回路,电液比例减压阀主要是运用液压原理使阀后压力与阀前压力有一定比例关系,将进口压力减至某一需要的出口压力,并依靠介质本身的能量,使出口压力自动保持稳定。从流体力学的观点看,压力阀是一个局部阻力可以变化的节流元件,即通过改变节流面积,使流速及流体的动能改变,造成不同的压力损失,从而达到调压的目的,然后依靠控制与调节系统的调节,使阀后压力的波动与弹簧力相平衡,使阀后压力在一定的误差范围内保持恒定。电液比例减压阀构成的比例压力控制回路实验液压系统原理图如图 3-8(a) 所示,图 3-8(b) 为实物连线图。

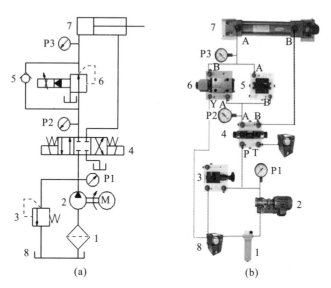

图 3-8 电液比例压力控制回路实验原理图及实物连线图

1—滤油器;2—液压泵;3—溢流阀;4—三位四通电磁换向阀;5—单向阀;6—电液比例减压阀;7—液压缸;8—油箱;P1、P2、P3—压力表

5) 实验步骤

按照图 3-8(a) 所示实验原理图搭建回路 [图 3-8(b) 为实物连线图],放松溢流阀 3,检查在实验台上搭建的液压回路是否正确。如确定无误,启动液压动力单元,在比例减压阀 6 工作时应在输入信号中加入颤振信号,调节溢流阀 3,使得系统压力 P1 设定在 2MPa。

(1) 使三位四通电磁换向阀 4 处于左位,在计算机上输入 0V 电压,经过比例放大器,相对应在比例减压阀 6 上产生 0mA 电流。

(2) 观察电液比例减压阀 6 进出油口压力变化,并记录数据。

(3) 分别在计算机上输入 2V、4V、8V、10V 进行实验,并记录数据。

(4) 调节溢流阀 3,使系统压力 P1 设定在 4MPa。

(5) 重复步骤 (1) 到 (3),并记录数据。

(6) 实验完毕后使三位四通电磁换向阀处于右位,退回液压缸活塞杆。

6) 实验报告

(1) 按照要求完成电液比例压力控制回路实验记录表 3-12。

(2) 分别画出系统压力为 2MPa 和 4MPa 下的输入电压与电液比例减压阀进出油口压力曲线。

3 液压传动与控制基本回路实验

表 3-12 电液比例压力控制回路实验记录表

项目	系统压力 P1=2MPa		系统压力 P1=4MPa	
计算机输入电压（V）	压力表 P2 值（MPa）	压力表 P3 值（MPa）	压力表 P2 值（MPa）	压力表 P3 值（MPa）
0				
2				
4				
8				
10				

7) 思考题

(1) 实验结果中，计算机输入电压与电液比例减压阀出油口的压力是什么关系？

(2) 在比例阀工作时，为什么要在输入信号中加入颤振信号？

(3) 电液比例溢流阀压力控制回路和电液比例减压阀压力控制回路各有何特点？

4 气压传动与控制基本回路实验

气压传动与控制基本回路就是由有关的气动元件组成用来完成某种特定功能的典型回路。气动系统不论多么复杂，均是由一些常用基本回路组成的，如压力控制回路、速度控制回路、方向控制回路及顺序动作回路等。这些基本回路具有不同的功用。只有掌握其基本工作原理、组成及特点，才能准确分析、正确使用和维护。根据气动回路中的逻辑控制有无电气元件的参与，将气动基本回路分成全气控回路和电气控回路，分别开展有关实验。

4.1 全气控回路实验

全气控回路是不采用电气信号，只使用压缩空气来执行逻辑控制的气动回路，一般适用于中小规模的气动自动化设备。由于回路中没有电器元件的参与，因此特别适合在有防爆要求、有电磁干扰或者环境温度较高的场合使用。

4.1.1 单作用气缸换向回路实验

1) 实验目的
(1) 掌握二位三通手动换向阀和单作用气缸的使用，熟悉全气动回路的连接方法。
(2) 了解回路的组成、性能特点及其应用。
2) 实验任务
(1) 完成手动换向及调速。
(2) 了解单作用气缸的工作特点。
3) 实验设备
主要实验设备如表 4-1 所示。

表 4-1 单作用气缸换向回路实验设备

设备名称	数量
二位三通手动换向阀	1个
单杆单作用气缸	1个
单向节流阀	1个
气源	1套
气动三联件	1个

4) 实验原理
单作用气缸换向回路实验原理图如图 4-1 (a) 所示，图 4-1 (b) 为实物连线图。由于单作用气缸外伸时靠压缩空气驱动，缩回时将无杆腔内气体排出，利用弹簧作用可以完成复位动作，因此，利用二位三通手动换向阀即可满足要求。为了调节气缸活塞杆的运动速

度，避免活塞杆外伸速度过快，在回路中串联一个节流阀，以调节气缸进气流量，控制气缸伸出速度，便于实验观察，同时也可学习到单作用气缸节流调速的原理。

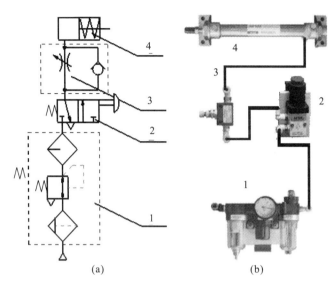

图 4-1 全气控单作用气缸换向回路实验原理图及实物连线图
1—气动三联件；2—二位三通手动换向阀；3—单向节流阀；4—单作用气缸

5）实验步骤

根据图 4-1 中的原理图搭建气压回路，确认回路连接正确，管路无漏接情况，将节流阀 3 关紧，打开气源，然后将节流阀 3 松开一些，确认回路没有明显的漏气现象，按下二位三通换向阀 2 手柄，观察单作用气缸 4 的运动情况，待气缸活塞杆运行到终点后，停留一段时间，松开换向阀 2 手柄，观察单作用气缸活塞杆的复位情况。调节节流阀 3，使其分别处于半开和全开状态。按照上述步骤重复两次实验，观察单作用气缸活塞杆的伸缩情况。

6）实验报告

根据气动回路实验原理图，对照实物元件，标注出气动回路中所用到气动元件的具体型号，并写出其工作原理，然后完成下述的思考题。

7）思考题

（1）若把回路中单向节流阀拆掉重做一次实验，气缸的活塞运动是否会很平稳，冲击效果是否很明显？回路中单向节流阀的作用是什么？

（2）实验中使用的单作用气缸的特点是什么？如果单作用气缸不采用弹簧的话，靠什么实现复位功能？

4.1.2 双作用气缸调速回路实验

1）实验目的

（1）掌握二位五通手动换向阀、单向节流阀和双作用气缸的使用，熟悉全气动回路的连接方法。

（2）了解气动调速回路的组成、性能特点及其应用。

2）实验任务

（1）完成手动换向及调速。

（2）了解双作用气缸的工作特点。

3）实验设备

主要实验设备如表 4-2 所示。

表 4-2 双作用气缸调速回路实验设备

设备名称	数量
二位五通手动换向阀	1个
单杆双作用气缸	1个
单向节流阀	2个
气动三联件	1个
气源	1套

4）实验原理

双作用气缸调速回路实验原理图如图 4-2（a）所示，图 4-2（b）为实物连线图，由一个二位五通手动换向阀、两个单向节流阀与双作用气缸构成双向进口节流调速回路。活塞杆外伸时，无杆腔进气量通过节流阀控制，有杆腔排气经过单向阀从二位五通手动换向阀排气口排出；活塞杆缩回时有杆腔进气量通过另一个节流阀控制，有杆腔排气经过单向阀从二位五通手动换向阀排气口排出。无论是活塞杆外伸还是缩回，均是通过调节节流阀的调节旋钮控制进气量，从而控制活塞杆的运动速度。

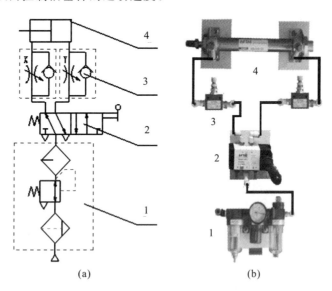

图 4-2 全气控双作用气缸调速回路实验原理图及实物连线图

1—气动三联件；2—二位五通手动换向阀；3—单向节流阀；4—单杆双作用气缸

5）实验步骤

根据图 4-2 中的原理图搭建气压回路，确认连接安装正确稳妥，把气动三联件 1 的调压旋钮放松,通电,开启气泵。待泵工作正常,再次调节气动三联件1的调压旋钮,使回路中的压力在系统工作压力以内。确认回路连接正确,管路无漏接情况后,调节气缸进口和出口处的节流阀 X 及 Y,使其处于半开状态,按下二位五通换向阀2手柄,观察双作用气缸4运动情况,通过控制二位五通换向阀2操作手柄实现双作用气缸的换向。调节节流阀 X 及 Y,使其处于全开状态,重复换向实验,观察双作用气缸运动情况。

将两侧的单向节流阀反向安装,将进口节流调速回路改成出口节流调速回路,重复上述换向实验,观察气缸的运动情况。

6) 实验报告

根据气动回路实验原理图,对照实物元件,标注出气动回路中所用到气动元件的具体型号,并写出其工作原理,然后完成下述的思考题。

7) 思考题

(1) 如果不采用单向节流阀,而采用其他的节流阀行不行?

(2) 进口节流调速回路与出口调速回路有什么区别?

4.1.3 缓冲回路实验

1) 实验目的

(1) 掌握机控阀(滚轮杠杆阀)的使用,熟悉缓冲回路的连接方法。

(2) 了解气动缓冲回路的组成、性能特点及其应用。

2) 实验任务

(1) 完成手动换向及实现气缸速度的缓冲。

(2) 了解双杠双作用气缸工作特点。

3) 实验设备

主要实验设备如表4-3所示。

表4-3 缓冲回路实验设备

设备名称	数量
二位五通手动换向阀	1个
双杆双作用气缸	1个
单向节流阀	2个
气动三联件	1个
二位三通滚轮杠杆阀	2个
气源	1套

4) 实验原理

缓冲回路实验是在上节双作用气缸调速回路基础上构成的。将双作用气缸调速回路中的单杆双作用缸换成双杆双作用缸5,并增加两个二位三通滚轮杠杆阀4即可构成图4-3(a)所示的缓冲回路,图4-3(b)为实物连线图。当控制二位五通换向阀2换向(右位),气体通过单向节流阀3进入气缸右侧,使左侧活塞杆外伸,气缸外伸侧气体通过与之相连的左侧滚轮杠杆阀常态位排出,起到快速排气的作用。当活塞杆外伸至一定位置时,碰触到左侧滚轮杠杆阀时,压下滚轮机械触头,滚轮杠杆阀换向,排气气路断开,外伸侧气体通过左侧节流阀后从二位五通手动换向阀排气口排出,活塞杆运动速度下降,对气缸起到了缓冲的作用。通过调节节流阀 X 和 Y 的调节旋钮,可以控制气缸的缓冲速度。当二位三通换向阀 2 处于常态位(左位)时,双杆双作用缸另一侧的活塞杆也出现同样缓冲现象。

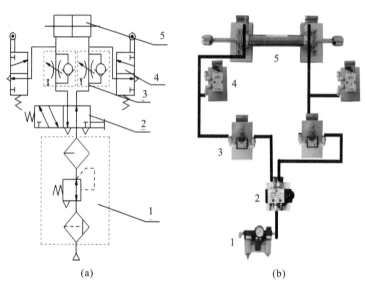

图 4-3　全气控缓冲回路实验原理图及实物连线图
1—气动三联件;2—二位五通手动换向阀;3—单向节流阀;4—滚轮杠杆阀;
5—双杆双作用气缸

5) 实验步骤

根据图 4-3 中的原理图搭建气压回路,将滚轮杠杆阀安装到适合的位置,要确保气缸活塞杆外伸时能碰触到滚轮并将滚轮压下,确认其他元件连接安装正确稳妥,把气动三联件的调压旋钮放松,通电,开启气泵。待泵工作正常,再次调节气动三联件的调压旋钮,使回路中的压力在系统工作压力以内。确认回路连接正确,管路无漏接情况后,调节气缸进口和出口处的节流阀 X 及 Y,使其处于半开状态,按下二位五通换向阀手柄,观察双作用气缸在碰到滚轮杠杆阀前后的运动情况有无变化,通过控制二位五通换向阀操作手柄实现双作用气缸的换向。通过调节节流阀,使其处于全开状态,重复换向实验,观察双作用气缸在碰到滚轮杠杆阀前后的运动情况有无变化。

6) 实验报告

根据气动回路实验原理图,对照实物元件,标注出气动回路中所用到气动元件的具体型号,并写出其工作原理,然后完成下述思考题。

7) 思考题

(1) 什么样的场合要采用缓冲回路?

(2) 除了采用图 4-3 中的滚轮杠杆阀构成缓冲回路以外,还可以采用哪种其他元件组成全气控的缓冲回路(快速排气阀、顺序阀和节流阀)?

4.1.4 自锁回路实验

1) 实验目的
(1) 掌握二位三通按钮式机械阀的使用,熟悉气动自锁回路的连接方法。
(2) 了解气动自锁回路的组成、性能特点及其应用。
2) 实验任务
(1) 完成手动换向及实现回路的自锁功能。
(2) 了解二位五通单气控换向阀的工作特点。
3) 实验设备
主要实验设备如表 4-4 所示。

表 4-4 自锁回路实验设备

设备名称	数量
二位五通单气控换向阀	1 个
单杆双作用气缸	1 个
单向节流阀	1 个
气动三联件	1 个
二位三通手动换向阀	2 个
气源	1 套

4) 实验原理

自锁回路实验是在双作用气缸调速回路基础上构成的。在回路中增加一个单向节流阀(或单向阀)和两个二位三通手动阀即可构成图 4-4 (a) 所示的自锁回路,图 4-4 (b) 为实物连线图。当按下手动换向阀 1 时,控制二位五通单气控换向阀 3 换向置于右位,气体进入气缸 4 无杆腔,使活塞杆外伸,有杆腔气体通过二位五通单气控换向阀 3 右位排气。松开按手动阀 1 按钮,使其复位,此时二位五通单气控换向阀 3 仍处于右位,活塞杆并不换向,达到自锁状态。只有当按下手动阀 2 按钮时,二位五通单气控换向阀 3 气控口压缩空气通过手动阀 2 泄压,二位五通单气控换向阀 3 复位,活塞杆才收缩回到原点,因此该回路的手动换向阀 1 对气缸具有自锁功能,只有控制手动换向阀 2 才能解除自锁。

5) 实验步骤

根据图 4-4 中的原理图搭建气压回路,确认各元件连接安装正确稳妥,把三联件的调压旋钮放松,通电,开启气泵。待泵工作正常,再次调节三联件的调压旋钮,使回路中的压力在系统工作压力以内。确认回路连接正确,管路无漏接情况后,按下手动换向阀 1 按钮,观察双作用气缸的运动情况有无变化,松开手动换向阀 1 按钮后再次观察双作用气缸的运动情况有无变化,按下手动换向阀 2 按钮后第三次观察双作用气缸的运动情况有无变化。实验时可适当减小气缸的进气量,使双作用气缸运动速度不要过快,以便于观察双作用气缸运动状态的改变情况。

6) 实验报告

根据气动回路实验原理图,对照实物元件,标注出气动回路中所用到气动元件的具体型

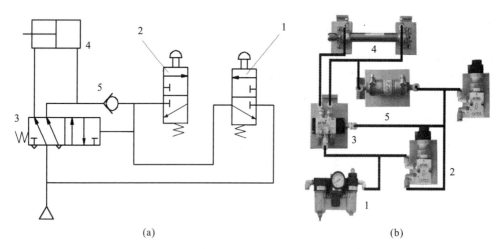

图 4-4 全气控自锁回路实验原理图及实物连线图
1—二位三通手动换向阀；2—二位三通手动换向阀；3—二位五通单气控换向阀；
4—单杆双作用气缸；5—单向节流阀（或单向阀）

号，并写出其工作原理，然后完成下述的思考题。

7) 思考题

(1) 什么样的场合要采用自锁回路？

(2) 除了采用图4-4中的元件组成自锁回路以外，还可以采用哪些其他元件组成全气控的自锁回路？

4.1.5 单缸单往复回路实验

1) 实验目的

(1) 掌握二位五通双气控换向阀的使用，熟悉单杆单往复回路的连接方法。

(2) 了解单缸单往复回路的组成、性能特点及其应用。

2) 实验任务

(1) 通过按钮式机械阀的控制和滚轮杠杆式机械阀的作用，实现气缸伸缩的功能。

(2) 观察实现单缸单往复回路动作的方法。

3) 实验设备

主要实验设备如表4-5所示。

表 4-5 单缸单往复回路实验设备

设备名称	数量
二位五通双气控换向阀	1个
单杆双作用气缸	1个
二位三通手动换向阀	1个
二位三通滚轮杠杆阀	1个
气动三联件	1个
气源	1套

4) 实验原理

单缸单往复回路是指通过控制二位三通手动换向阀，使得单杠双作用气缸活塞杆外伸，当活塞杆外伸到一定位置后，可以自动缩回返回到初始位置，每按一次按钮，实现一次气缸的往复过程，该回路原理图如图 4-5 (a) 所示，图 4-5 (b) 为实物连线图。压下二位三通手动换向阀 2，即使得二位五通双气控换向阀 3 换向，气缸无杆腔进气，活塞杆外伸，此时即使松开手动换向阀 2，使阀复位，由于双气控换向阀 3 有记忆功能，仍能保持原有位置。不影响活塞的继续外伸，只有当其碰触到滚轮杠杆阀 4，压下滚轮，使得双气控换向阀 3 的另一侧控制气路接通，双气控换向阀 3 换向，气缸活塞杆才返回到起点位置。

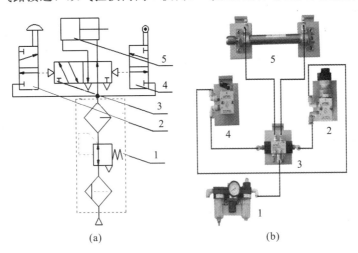

图 4-5 单缸单往复回路实验原理图及实物连线图
1—气动三联件；2—二位三通手动换向阀；3—二位五通双气控换向阀；4—二位
三通滚轮杠杆阀；5—单杆双作用缸

5) 实验步骤

根据图 4-5 中的原理图搭建气压回路，将滚轮杠杆阀 4 安装到适合的位置，要确保气缸活塞杆外伸时能碰触到滚轮并将滚轮压下，确认其他元件连接安装正确稳妥，把三联件的调压旋钮放松，通电，开启气泵。待泵工作正常，再次调节三联件的调压旋钮，使回路中的压力在系统工作压力以内。确认回路连接正确，管路无漏接情况后，按下手动换向阀 2 的按钮，然后随即松开。观察单杆双作用气缸活塞杆在碰到滚轮杠杆阀 4 前后的运动情况有无变化。等运动停止后，再次按下手动换向阀 2 的按钮，重复进行一次实验。

6) 实验报告

根据气动回路实验原理图，对照实物元件，标注出气动回路中所用到气动元件的具体型号，并写出其工作原理，然后完成下述的思考题。

7) 思考题

(1) 如果再按下手动换向阀的按钮后，一直不松开，气缸运动会出现什么情况，为什么？

(2) 上述回路能否实现单杠连续往复动作？如不能，应如何改进？

4.2 电控气动回路实验

与前述的全气控回路不同,电控气动回路是采用电气信号,使用各类电磁阀来执行逻辑控制的气动回路。由于电气信号便于传输和控制,因此电控气动回路可以应用在比较复杂的自动化设备中,电控气动回路可以采用传统的继电器控制和目前逐渐采用的 PLC 控制两种方式。从控制方式上比较,继电器的控制是采用硬件接线实现的,是利用继电器机械触点的串联或者并联及延时继电器的滞后动作等组合形成控制逻辑,只能完成既定的逻辑控制。PLC 采用存储逻辑,其控制逻辑是以程序方式存储在内存中的,要改变控制逻辑,只需要改变程序即可,称软接线。从设备体积尺寸、可靠性、灵活性等几个方面比较,PLC 控制更具有优势一些。电控气动回路也包括压力控制回路、速度控制回路、方向控制回路以及其他逻辑控制回路等。

FluidSIM - P 软件是由德国 Festo 公司 Didactic 教学部门和 Paderborn 大学联合开发的专门用于气压传动的教学软件。FluidSIM - P 软件用户界面直观,面向对象设置参数,易于学习,可设计与气动回路相配套的电气控制回路,并对其电气控制过程进行仿真。因此在本章的电控气动回路实验增加了利用 FluidSIM - P 软件对气动实验回路和对应的控制回路的仿真验证环节,以有利于提高学生对电控气动回路的认识和实际应用能力。

4.2.1 二次压力控制回路

1) 实验目的
(1) 掌握气动减压阀的使用方法,熟悉二次压力控制回路的连接方式。
(2) 了解二次压力控制回路的组成、性能特点及其在工业中的运用。

2) 实验任务
(1) 通过减压阀调压系统压力。
(2) 通过气动三联件调节系统压力。

3) 实验设备
主要实验设备如表 4-6 所示。

表 4-6 二次压力控制回路实验设备

设备名称	数量
二位三通电磁换向阀	1 个
单杆单作用气缸	1 个
单向阀	1 个
气动三联件	1 个
减压阀	1 个
气源	1 套

4) 实验原理
二次压力控制回路实验原理图如图 4-6 (a) 所示,图 4-6 (b) 为实物连线图。该实

验使用的主要元件是减压阀，减压阀是气动调节阀的一个必备配件，主要作用是将气源的压力减压并稳定到一个定值，以便于能够获得稳定的气源动力用于调节控制。所谓的二次压力控制回路是相对于一次压力控制回路而言的。一次压力控制回路用于控制气源的压力，使之不超过规定的压力值。而实验中的二次压力控制回路是指把经一次调压后的压力再经减压阀减压稳压后得到所需的输出压力，作为气动控制系统的工作气压使用。

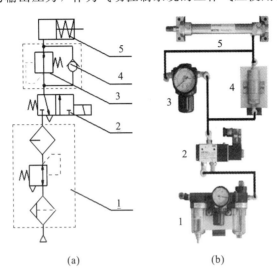

图 4-6 二次压力控制回路实验原理图及实物连线图
1—气动三联件；2—二位三通电磁换向阀；3—减压阀；4—单向阀；5—单杆单作用气缸

5) 实验步骤

根据图 4-6 中的原理图搭建气动回路，把二位三通电磁换向阀 2 的电源输入口接到试验台控制板的继电器输出接口上，确保接线正确牢靠。把三联件的调压旋钮放松，通电，开启气泵。待泵工作正常，再次调节三联件的调压旋钮，使回路中的压力在系统工作压力以内。确认回路连接正确，管路无漏接情况后，调节回路中的减压阀 3，使压力表上的压力指针从 6bar（1bar＝100kPa）下调到 3bar，通过控制与试验台控制板的继电器输出接口对应的按键开关，控制换向阀 2 电磁铁动作，分别观察在两种压力下，单杆单作用气缸的运动情况。进一步调节减压阀 3 压力，重复试验，观察系统压力对气缸运动的影响。

6) 实验报告

根据气动回路实验原理图，对照实物元件，标注出气动回路中所用到气动元件的具体型号，并写出其工作原理，然后完成下述的思考题。

7) 思考题

(1) 二次压力控制采用的控制元件有哪几种？压力值大小对气缸运动有何影响？

(2) 实验回路中气动三联件调节的压力与回路中减压阀调节的压力之间有何关系？

8) 利用 FluidSIM-P 软件进行气动回路图和控制电路图的验证

如图 4-7 所示，图 (a) 是利用 FluidSIM-P 软件绘制的二次压力控制回路仿真图，图 (b) 是与该回路对应的控制电路图。

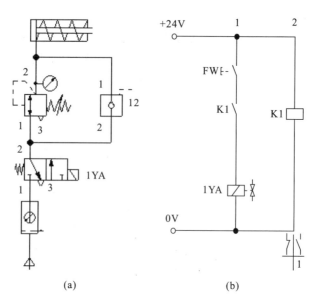

图 4-7 二次压力控制回路仿真及控制电路图

4.2.2 速度换接回路实验

1) 实验目的

(1) 掌握接近开关的用法,熟悉接近开关及电控阀的连接方式。

(2) 了解速度换接回路的组成、性能特点及其应用。

2) 实验任务

(1) 通过电控式换向阀及接近开关的作用,实现气缸的速度换接的功能。

(2) 了解实现气缸速度换接的基本方法和类型。

3) 实验设备

主要实验设备如表 4-7 所示。

表 4-7 速度换接回路实验设备

设备名称	数量
二位五通单电磁换向阀	1 个
单杆双作用气缸	1 个
二位三通单电磁换向阀	1 个
单向节流阀	2 个
气动三联件	1 个
接近开关	1 个
气源	1 套

4) 实验原理

速度换接回路是指通过接近开关的位置检测和节流阀的作用,使得气缸在一个行程过程中实现不同的速度要求，如快速-慢速的转换或者慢速-快速的转换等。速度换接回路实验原理图如图4-8（a）所示，图4-8（b）为实物连线图。该速度换接回路利用一个行程开关6来检测判断气缸5的运动位置，当气缸活塞杆端部外伸运动到预定位置触发行程开关后，与行程开关联动的电气回路导通，控制二位三通电磁阀4的动作使其置于工作位，使得气缸无杆腔进气不再通过二位三通电磁阀的常态位，而是经过下面的节流阀进气，从而改变气缸的进气量，使气缸运动速度明显降低，实现气缸活塞杆外伸行程中快速-慢速的转换。气缸活塞杆回程时，全程通过右侧单向节流阀3进气，而经过左侧下部单向阀和二位五通换向阀排气，速度基本不变。

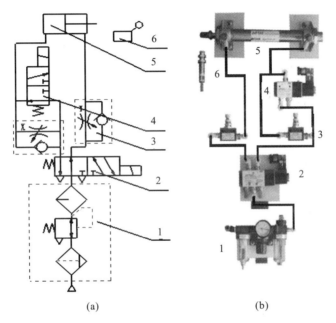

图4-8 速度换接回路实验原理图及实物连线图
1—气动三联件；2—二位五通单电磁换向阀；3—单向节流阀；4—二位三通单电磁阀；
5—单杆双作用气缸；6—接近开关

5）实验步骤

根据图4-8中的原理图搭建气动回路，将接近开关安装到适合的位置，要确保接近开关与气缸活塞杆外伸时端部之间的距离满足接近开关触发的距离要求，确认其他元件连接安装正确稳妥，把三联件的调压旋钮放松，通电，开启气泵。待泵工作正常，再次调节三联件的调压旋钮，使回路中的压力在系统工作压力以内，回路中节流阀开度调节到适当位置。确认回路连接正确，管路无漏接情况后，按下实验台控制面板上与二位五通电磁阀对应的按钮，使二位五通电磁阀处于工作位（右位），观察单杆双作用气缸活塞杆端部在运动到接近开关前后的运动情况有无变化。等运动停止后，使与二位五通电磁阀对应的控制按钮复位，阀恢复到常态位，将气缸活塞杆退回，重复进行一次实验。

6）实验报告

根据气动回路实验原理图，对照实物元件，标注出气动回路中所用到气动元件的具体型号，并写出其工作原理，然后完成下述的思考题。

7) 思考题

(1) 速度换接回路实验中接近开关能否用其他元件代替？

(2) 如果把左侧的单向节流阀反向安装，气缸是否还能实现速度换接？

8) 利用 FluidSIM-P 软件进行回路图和控制电路图的验证

如图 4-9 所示，图（a）是利用 FluidSIM-P 软件绘制的速度换接回路仿真图，图（b）是与该回路对应的控制电路图。

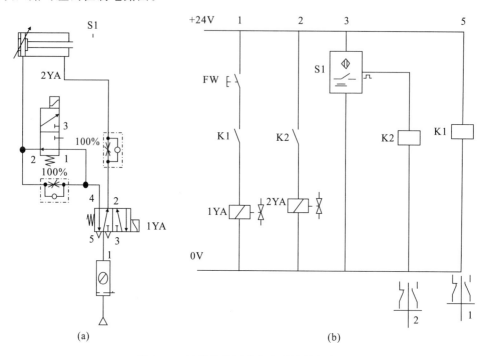

图 4-9　速度换接回路仿真及控制电路图

4.2.3　单缸连续往复控制回路

1) 实验目的

(1) 掌握三位五通电磁换向阀的用法及接近开关的用法。

(2) 了解电控换向回路的组成、性能特点及其应用。

2) 实验任务

(1) 通过电控式换向阀及行程开关的作用，实现气缸的自动换向功能。

(2) 了解实现气缸换向的基本原理和方法。

3) 实验设备

主要实验设备如表 4-8 所示。

4) 实验原理

单缸连续往复控制回路是指通过接近开关的位置检测和电控换向阀的作用，使得单杆双作用气缸能够实现活塞杆外伸—缩回的自动循环往复过程。其基本原理是利用两个行程开关分别检测和判断气缸活塞杆的始末运动位置，并与电控系统联动，控制三位五通双电控换向

4 气压传动与控制基本回路实验

表 4-8 单缸连续往复控制回路实验设备

设备名称	数量
三位五通双电控换向阀	1个
单杆双作用气缸	1个
单向节流阀	2个
气动三联件	1个
接近开关	2个
气源	1套

阀两侧换向电磁铁分别动作，以实现换向阀的换向，从而使气缸能够实现自动往复的运动过程，其外伸及缩回速度可由对应的单向节流阀调节。单缸连续往复控制回路实验原理图如图 4-10（a）所示，图 4-10（b）为实物连线图。

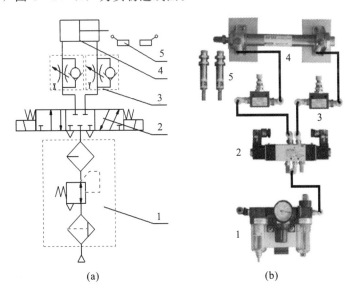

(a)　　　　　　　　(b)

图 4-10 单缸连续往复控制回路实验原理图及实物连线图
1—气动三联件；2—三位五通双电磁换向阀；3—单向节流阀；4—单杆双作用气缸；5—接近开关

5) 实验步骤

根据图 4-10 中的原理图搭建气动回路，将接近开关 5 分别安装到气缸活塞杆运动的始末两端位置，要确保接近开关与气缸活塞杆外伸时端部之间的距离满足接近开关触发的距离要求，将三位五通双电控换向阀 2 和接近开关的电源输入口插入相应的控制板输出口。确认其他元件连接安装正确稳妥，把三联件的调压旋钮放松，通电，开启气泵。待泵工作正常，再次调节三联件的调压旋钮，使回路中的压力在系统工作压力以内，回路中节流阀开度调节到适当位置。确认回路连接正确，管路无漏接情况后，按下实验台控制面板上与三位五通双电控换向阀 2 对应的控制按钮，使该电控换向阀处于右位，观察单杆双作用气缸活塞杆端部在运动到远端接近开关后是否自动返回,活塞杆端部在返回后运动到近端接近开关时是否再次自动外伸,同时注意观察活塞杆每次换向时,电磁换向阀电磁铁状态指示灯的变化情况。

6) 实验报告

根据气动回路实验原理图,对照实物元件,标注出气动回路中所用到气动元件的具体型号,并写出其工作原理,然后完成下述的思考题。

7) 思考题

(1) 速度换接实验中接近开关(非接触性元件)能否用行程开关(接触性元件)代替?

(2) 如果采用手动机械阀进行控制该怎样搭接实验回路?

8) 利用 FluidSIM-P 软件进行回路图和控制电路图的验证

如图 4-11 所示,图 (a) 是利用 FluidSIM-P 软件绘制的单缸连续往复控制回路仿真图,图 (b) 是与该回路对应的控制电路图。

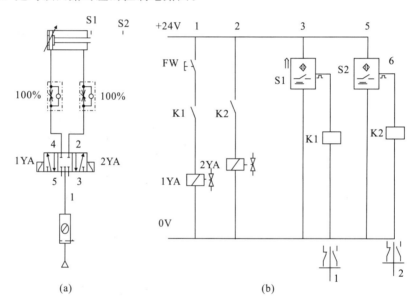

图 4-11 单缸连续往复控制回路仿真及控制电路图

4.2.4 双缸顺序动作回路

1) 实验目的

(1) 掌握二位五通双电控换向阀及接近开关的组合用法。

(2) 了解双缸顺序动作回路的组成、性能特点及其应用。

2) 实验任务

(1) 通过二位五通双电控换向阀、二位五通气控换向阀及接近开关组合,实现两个气缸的依次顺序动作。

(2) 了解实现双缸顺序动作的基本原理和方法。

3) 实验设备

主要实验设备如表 4-9 所示。

4 气压传动与控制基本回路实验

表 4-9 双缸顺序动作回路实验设备

设备名称	数量
二位五通双电控换向阀	1个
单杆双作用气缸	2个
二位五通气控换向阀	2个
气动三联件	1个
接近开关	2个
三通接头	1个
气源	1套

4) 实验原理

双缸顺序动作回路是指通过接近开关的位置检测和换向阀的作用，使得两个单杆双作用气缸能够按照预定的规律实现两个气缸的顺序动作。双缸顺序动作回路实验原理图如图4-12（a）所示，图4-12（b）为实物连线图。该回路中气缸的运动并不是由二位五通电磁换向阀直接控制的，而是由二位五通气控换向阀直接控制，二位五通电磁换向阀起间接控制的作用，其基本原理是通过控制二位五通电磁换向阀的换向，控制其中一个二位五通气控换向阀的换向，使得对应侧的气缸外伸，利用行程开关检测该侧气缸活塞杆的末端运动位置，并与电控系统联动，以实现二位五通电磁换向阀的换向，从而使得另一个二位五通气控换向阀的换向，控制另一侧气缸能够实现顺序的外伸动作。

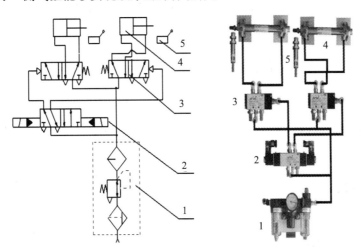

图 4-12 双缸顺序动作回路实验原理图及实物连线图
1—气动三联件；2—二位五通双电磁换向阀；3—二位五通气控换向阀；4—单杆双作用气缸；5—接近开关

5) 实验步骤

根据图4-12中的原理图搭建气动回路，将接近开关分别安装到两个气缸活塞杆运动的末端位置，要确保接近开关与气缸活塞杆外伸时端部之间的距离满足接近开关触发的距离要求,将二位五通双电控换向阀 2 和接近开关的电源输入口插入相应的控制面板电气接口。确认其他元件连接安装正确稳妥,把三联件的调压旋钮放松,通电,开启气泵。待泵工作正常,再次调节三联件的调压旋钮,使回路中的压力在系统工作压力以内。确认回路连接正确,管路无漏接情况后,按下实验台控制面板上与二位五通双电磁换向阀 2 对应的按钮后(按下后即可松开),使该阀左位接入,压缩空气使得左侧的二位五通气控阀动作,压缩空气进入左缸的左腔使得活塞向右运动;此时的右缸因为没有气体进入左腔而不能动作。同时观察左侧气缸活塞杆端部在运动到远端接近开关后二位五通双电磁换向阀 2 换向接入右位,压缩空气使得右侧的二位五通气控阀动作,压缩空气进入右侧气缸的无杆腔使得活塞杆向右运动,与此同时左侧气缸活塞杆开始返回,进一步观察右侧气缸端部在运动到远端接近开关后二位五通双电控换向阀的位置状态,以及气缸是否又开始新的一个动作循环。在气缸循环运动开始后,再次按下与二位五通双电磁换向阀 2 对应的按钮后,气缸运动将会停止。在实验中还可以在二位五通双电控换向阀 2 前串联一个节流阀(或单向节流阀),起到控制气缸进气量,进而调节两个气缸活塞杆运动速度的作用,以便于更好地观察实验现象。

6) 实验报告

根据气动回路实验原理图,对照实物元件,标注出气动回路中所用到气动元件的具体型号,并写出其工作原理,然后完成下述的思考题。

7) 思考题

(1) 在双缸顺序动作回路中如果用压力继电器代替接近开关,采用压力控制的方式该如何实现?

(2) 回路中两个气动控制阀可以用其他阀替代吗?

8) 利用 FluidSIM-P 软件进行回路图和控制电路图的验证

如图 4-13 所示,图(a)是利用 FluidSIM-P 软件绘制的双缸顺序动作回路仿真图,图(b)是与该回路对应的控制电路图。

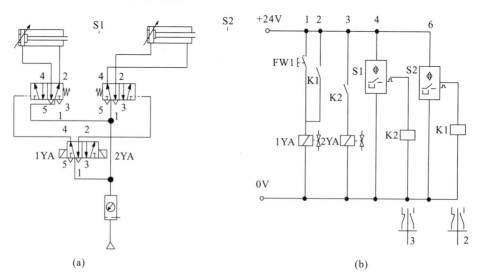

图 4-13 双杠顺序动作控制回路仿真及控制电路图

4.2.5 逻辑控制动作回路

气动逻辑元件是以压缩空气为工作介质，在气控信号的作用下，通过元件的可动部件改变气体的流动方向，以实现一定逻辑功能的元件。采用气动逻辑元件构成的回路也称气动逻辑控制回路。气动逻辑元件的种类很多，按工作压力可分为高压元件（工作压力 0.2～0.8MPa）、低压元件（0.02～0.2MPa）和微压元件（0.02MPa 以下）3 种。按逻辑功能可分为是门元件、或门元件、与门元件、非门元件和双稳元件等。按结构形式可分为截止式、膜片式和滑阀式等。本书以一种具有或门功能的高压梭阀为例来说明气动逻辑控制回路的构成原理和应用。

1) 实验目的
(1) 掌握具有逻辑功能梭阀的用法。
(2) 了解气动逻辑控制回路的组成、性能特点及其应用。

2) 实验任务
(1) 通过二位五通单气控换向阀、梭阀以及两个不同的方向控制阀（手动与电控）组合，实现对气缸动作的或控制。
(2) 了解实现逻辑控制回路的基本原理和方法。

3) 实验设备
主要实验设备如表 4-10 所示。

表 4-10 逻辑控制回路实验设备

设备名称	数量
二位五通单气控换向阀	1个
单杆双作用气缸	1个
二位五通手动换向阀	1个
二位三电磁换向阀	1个
气动梭阀	1个
气动三联件	1个
气源	1套

4) 实验原理

逻辑控制回路（或回路）是指通过能实现逻辑功能的梭阀，使得分别控制两个不同操作方式的方向控制阀均能使气缸产生预期动作的回路。逻辑控制回路实验原理图如图 4-14 (a) 所示，图 4-14 (b) 为实物连线图。该回路中气缸的运动由二位五通单气控换向阀 5 控制，而该阀的控制气流来自于梭阀，梭阀具有逻辑或功能，只要其两个输入口中任何一个有控制气流进入，则一定会有控制气流输出，因此，无论是通过手动方式操作二位五通手动换向阀 2（也可用二位三通手动换向阀），还是用电控方式操作二位三通电磁换向阀 3，均能使梭阀输出控制气流，从而控制气缸 6 的动作。该逻辑控制回路应用广泛，可以实现手动和

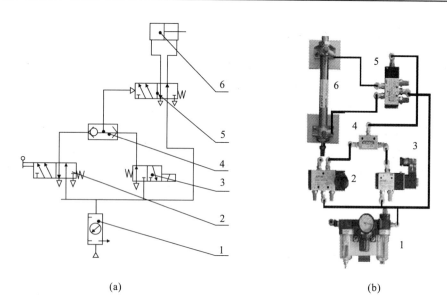

图 4-14 气动逻辑控制回路实验原理图及实物连线图
1—气动三联件；2—二位五通手动换向阀（或二位三通手动换向阀）；3—二位三通电磁换向阀；
4—梭阀；5—二位五通单气控换向阀；6—单杠双作用气缸

自控控制的切换。

5）实验步骤

根据图 4-14 中的原理图搭建气动回路。将二位三通电磁换向阀 3 的线缆插头插入相应的控制面板电气接口。确认其他元件连接安装正确稳妥，把三联件的调压旋钮放松，通电，开启气泵。待泵工作正常，再次调节三联件的调压旋钮，使回路中的压力在系统工作压力以内。确认回路连接正确，管路无漏接情况后，按下实验台控制面板上与二位三通电磁换向阀 3 对应的按钮后，观察气缸 6 活塞杆的伸出运动情况。待二位三通电磁换向阀 3 复位，气缸 6 活塞杆缩回后，手动操作二位五通手动换向阀，再次观察气缸 6 活塞杆的运动情况。

6）实验报告

根据气动回路实验原理图，对照实物元件，标注出气动回路中所用到气动元件的具体型号，并写出其工作原理，然后完成下述的思考题。

7）思考题

(1) 在上述回路中，如果把梭阀换成双压阀，实验时会出现什么情况？

(2) 举例说明该逻辑控制动作回路在实际生产或生活中的应用（提示：可以公交车门启闭控制为例）。

8）利用 FluidSIM-P 软件进行回路图和控制电路图的验证

如图 4-15 所示，图 (a) 是利用 FluidSIM-P 软件绘制的逻辑控制动作回路仿真图，图 (b) 是与该回路对应的控制电路图。

4 气压传动与控制基本回路实验

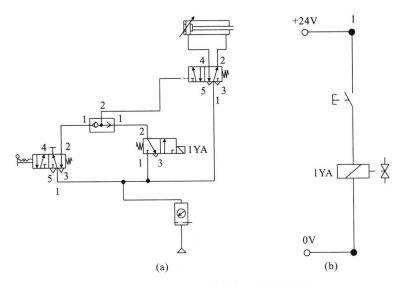

图 4-15 逻辑控制回路仿真及控制电路图

5 教学实验台介绍

目前国内液压与气压传动教学实验台一般采用快速接插式高压软油管的油路连接形式，综合运用液压技术、PLC控制技术、传感器测量技术等多学科技术，保证实验台的多种功能性和多学科技术应用的综合性。实验台采用开放、灵活的结构形式，能够达到培养和提高学生动手能力、设计能力、综合运用能力以及创新能力的目的，起到加强设计性实验及其综合运用的实践环节的作用。本书选取两家有代表性的企业的液压和气动实验台，根据各自不同的特点，对实验台结构以及实验台基本操作方法进行说明。

5.1 湖南宇航科技教学设备有限公司实验台介绍

湖南宇航科技实业有限公司是一家位于湖南长沙的集产品开发、制造、销售于一体的科技型工业企业。该公司下属的宇航科技教学仪器分公司主要与中南大学、湖南大学、重庆大学、浙江大学、中国地质大学等合作研发各类教学实验设备。其中YCS-C电液比例综合实验台以及QCS-A单面气体传动实验台是其中两款典型的液压和气动实验设备。

5.1.1 YCS-C电液比例/伺服综合实验台

该实验台集可编程控制器和数据采集卡、计算机以及液压元件模块等为一体，除可进行常规的液压基本控制回路实验外，还可进行比较复杂的液压组合回路应用实验、电液比例/伺服控制回路实验，以及阀、泵的性能测试实验。在普通液压回路和元件性能实验中，实验台采用PLC控制和继电器控制两种方式，使学生在掌握传统的继电器控制之外，还可以学习PLC控制原理，并具备PLC控制与计算机通信以及在线调试等实验功能；在电液比例/伺服控制回路实验中，则采用了计算机加数据采集卡的控制模式，两种控制模式可以进行切换，实验台的综合性能较强。YCS-C电液比例/伺服综合实验台如图5-1所示，实验台包

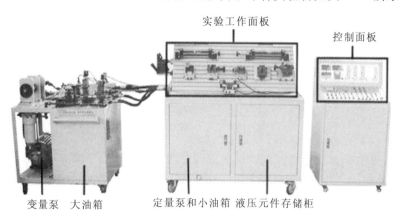

图5-1 YCS-C电液比例/伺服综合实验工作台实物图

括由外置式变量泵及大油箱等组成的动力源1,为电液比例/伺服控制回路实验提供液压动力;由内置式定量泵及小油箱等组成的动力源2,用于为常规液压控制回路实验提供液压动力;此外实验台还包括元件存储柜、控制面板及实验工作面板等。图5-2所示为YCS-C电液比例/伺服综合实验台的电液比例/伺服实验部分。本书仅对该实验台中与普通液压控制回路实验相关的内容进行介绍。

图 5-2 YCS-C电液比例/伺服综合实验台的电液比例/伺服实验台图

1) 性能特点

(1) 实验台采用立式结构,便于多名学生同时进行液压元件的安装和实验。

(2) 操作平台面积大,可集成多个子系统。

(3) 操作平台采用T型铝合金型材制作,管路连接采用快速接头,元部件安装采用弹簧卡式模块。

(4) 实验用管件采用高压软管,压力可达到31.5MPa。

(5) 测试方法实用、可靠。

(6) 实验台配有辅助平台提供给老师作扩展实验。

实验台的电器控制部分为PLC控制和继电器控制,实验台配置了完备的各种类型传感器,包括压力传感器、流量传感器、转速传感器、功率传感器、位移传感器等,以满足各项实验参数测试的需要。根据实验项目原理图,选用相应的液压元件快速组成液压实验回路,通过电磁换向阀动作的控制和相关液压阀的调节进行实验。其控制面板图如图5-3所示。

2) 可以进行的实验

(1) 液压回路组态画面演示及控制实验。

(2) 液压传动基本回路实验。

(3) 常用液压元件的性能测试实验。

(4) 电液比例阀/伺服阀性能测试。

(5) 电液比例/伺服控制回路实验。

3) 实验台基本操作流程

本书以二次进给工作循环回路为例说明试验台的操作流程。二次进给工作循环回路实验原理图如图5-4所示。其中油箱1、先导式溢流阀2(带二位二通电磁卸荷阀)和定量泵3已固定安装于内置式液压泵站,其他元件需在实验台上进行拼接。二位二通电磁换向阀起卸荷作用;二位二通电磁换向阀5起选通作用,使液压缸采用两种不同的回油方式,一种是通过节流阀4的回油,此时液压缸进给速度为低速,另一种不通过节流阀4的直接回油方式,

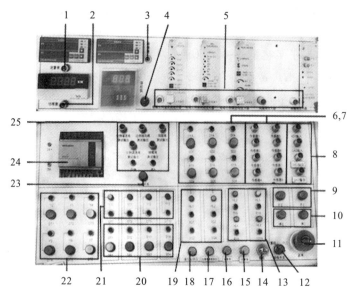

图 5-3 控制面板图

1—流量表；2—功率表；3—转速表；4—温控仪；5—比例阀/伺服阀放大器接口；6—继电器输出接口及控制按钮；7—传感器接口；8—AD/DA 通道接口；9—开 I、Ⅱ 按钮；10—停 I、Ⅱ 按钮；11—急停按钮；12—计算机/PLC 转换开关；13—7YA～10YA 接口及指示灯；14—蓄能开关；15—定量泵控制按钮；16—变量泵控制按钮；17—定量泵系统供压按钮；18—变量泵系统供压按钮；19—I、Ⅱ 输入接口；20—SY1～SY4 输入接口及控制按钮；21—Y10～Y13 输入接口及显示开关；22—Y2～Y7 输入接口及控制按钮；23—转换开关；24—可编程控制器（PLC）；25—比例阀（伺服阀）测试输出接口

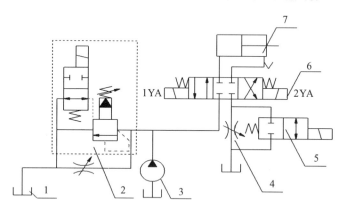

图 5-4 二次进给工作循环回路实验原理图

1—油箱；2—先导式溢流阀（带二位二通电磁卸荷阀）；3—定量泵；4—节流阀；5—二位二通电磁换向阀；6—三位四通双电磁换向阀；7—单杆双作用液压缸

与此对应的液压缸进给速度为高速；三位四通双电磁换向阀 6 的作用是控制液压缸活塞杆的换向。

当三位四通双电磁换向阀 6 的电磁铁 1YA 得电，左位接入，使先导式溢流阀 2 中的二位二通电磁卸荷阀处于得电状态，二位二通电磁阀 5 处于失电状态，液压缸有杆腔经过节流阀 4 回油，活塞杆以低速伸出，速度大小可由节流阀 4 调节。当二位二通电磁阀 5 得电后，液压缸有杆腔不经过节流阀4而直接回油，活塞杆快速伸出，从而实现二次工作进给。当活塞杆完全伸出后，三位四通双电磁换向阀6的电磁铁2YA得电，1YA失电，右位接入，二位二通电磁阀5保持得电状态，活塞杆快速退回。当实验中使先导式溢流阀2中的二位二通电磁卸荷阀处于失电状态时，液压泵通过该阀卸荷，欲使液压缸活塞杆外伸或内缩，需首先使先导式溢流阀2中的二位二通电磁卸荷阀得电，解除液压泵卸荷状态，恢复系统压力，该功能是通过操作控制面板上的定量泵系统供压按钮17实现的。

4）实验步骤

首先看懂实验原理图，然后根据实验原理图选择需要的液压元件，液压元件名称及数量如表5-1所示。检验元件的使用性能是否正常。

表5-1 二次进给工作循环回路实验设备

元件名称	型号	数量（个）
节流阀	LF-B10H-S	1
二位二通单电磁换向阀	HD-4WE6C60/SG24N9Z5L	1
三位四通双电磁换向阀	4WE6E61B/CG24N9Z5L	1
单杆双作用液压缸	MOB40X200-LB	1

将液压元件通过实验工作面板的T型槽固定安装在合适位置，用高压液压软管及快速接头，按照原理图连接各元件油口，液压源压力油口在实验台左上侧。待液压油路连好后，进行电气线路的连接，如图5-5所示，其中实线代表液压线路，虚线表示电气线路。将三位四通双电磁换向阀2左边接线头与控制面板6中对应的1YA接口连接，右边接线头与控制面板6中对应的2YA接口连接；将二位二通单电磁换向阀5的接线头与控制面板6中对应的3YA接口相连接。

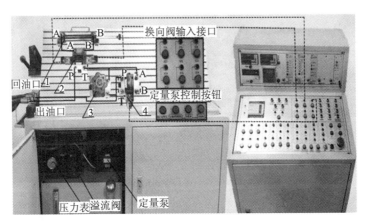

图5-5 二次进给工作循环回路实验实物连线图

1—单杆双作用液压缸；2—三位四通双电磁换向阀；3—节流阀；4—二位二通单电磁换向阀

确认连接安装正确稳妥，把转换开关12旋转设置到PLC位置；将急停按钮11上拉，让试验台通电；先按下定量泵控制按钮15，使泵启动并处于卸荷状态，注意观察液压系统有无异常现象，如无异常现象，接着按下定量泵系统供压按钮17，此时液压站开始供压。

按下控制面板 6 中 1YA 控制按钮,观察液压缸运动现象;待活塞杆伸出一段距离后,再按下 3YA 控制按钮,观察此时液压缸运动现象,活塞杆运动速度有无明显变化;待活塞杆运动到终点后,按下 2YA 控制按钮,观察液压缸活塞杆的返回运动现象。

实验完毕后,先关闭定量泵系统供压按钮 17,接着关闭定量泵控制按钮 15,最后关闭实验台电源,待回路压力为零时,拆卸电气回路和液压回路,清理元器件并放回规定的位置。

5.1.2 QCS-A 单面气体传动实验台[①]

该实验台集可编程控制和各种气动元件、执行元件为一体,除可进行常规的气动基本控制回路实验外,还可以进行模拟气动控制技术应用实验及气动技术课程设计。如图 5-6 所示,实验台包括气泵、实验工作面板、控制面板模块、工具元件抽屉及气压元件存储柜。本书仅对该实验台上与普通气动控制回路实验相关的部分进行介绍。

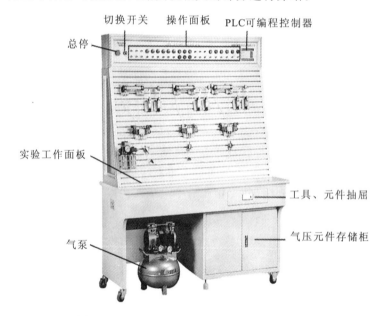

图 5-6 QCS-A 单面气体传动实验台实物图

1) 性能特点及电气部分简介
(1) 实验台电气控制配置了 PLC 编程器。
(2) 实验台具有计算机通信接口,可与 PLC 编程器相连。
(3) 操作台采用 T 型铝合金型材制作,经久耐用、美观大方。
(4) 气动元件安装在特殊设计的模块上,可以随意地组合搭接各种实验回路。
(5) 气源采用无油静音空气压缩机提供,具有噪声低(65dB)的特点,气体无油无味,清洁干燥。

实验台的电器控制部分为继电器控制和 PLC 控制,其输出直接控制电磁阀,并带有指

---

① 见 QCS-A 气动单面传动演示实验台指导书。

示灯,通过转换开关设置选择 PLC 模式或继电器模式。其控制面板图如图 5-7 所示。

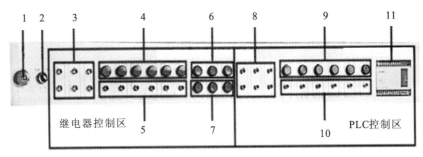

图 5-7 控制面板图

1—电源开关;2—转换开关;3—继电器输入插座;4—指示灯;5—继电器输出插座;6—开继电器按钮;
7—停继电器按钮;8—PLC输入插座;9—PLC输出指示灯;10—PLC输出插座;11—PLC可编程控制器

2)可以进行的实验

试验台可以进行以下实验。

(1)气动元件功能演示实验。

(2)常见气动回路演示实验。

(3)可编程序控制器(PLC)电气控制实验;机-电-气一体控制实验。

3)实验台基本操作流程

本书以双缸顺序动作回路为例说明试验台的操作流程。双缸顺序动作回路实验原理图如图 5-8 所示,二位四通双电磁换向阀 2 的作用是控制单气控阀的阀位;单气控换向阀 3 的作用是控制气压缸活塞杆伸缩;两个行程开关 4 的作用是控制二位四通双电磁换向阀 2 的阀位。

当二位四通双电磁换向阀 2 得电,左位接入,压缩空气使得左边的单气控换向阀左位接入,压缩空气进入左缸的左腔,使得活塞杆向右运动;此时的右缸因为没有气体进入左腔而不能动作。当左缸活塞杆碰到行程开关 K1 时,二位四通双电磁换向阀 2 迅速换向,气体作用于右边的单气控换向阀使其左位接

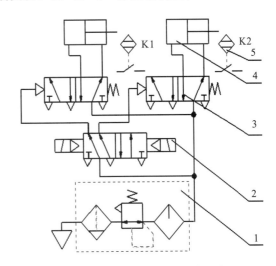

图 5-8 双缸顺序动作回路实验
气压系统原理图

1—气动三联件;2—二位四通双电磁换向阀;3—单气控换向阀;4—单杆双作用气缸;5—行程开关

入,压缩空气进入右缸的左腔,使得活塞杆向右运动,当活塞杆靠近行程开关 K2 时,二位四通双电磁换向阀 2 又回到左位,从而实现双缸的下一个顺序动作。如此往复循环。

4)实验步骤

首先看懂实验原理图,然后根据实验原理图选择需要的气动元件,气动元件名称及数量如表 5-2 所示。检验元件的使用性能是否正常。

表 5-2 双缸顺序动作回路实验实验设备

元件名称	型号	数量（个）
气动三联件	AL-2000	1
二位四通双电磁换向阀	4V220-06	1
单气控换向阀	4A210-06	2
行程开关	LX（ME-8108）	2
单杆双作用缸	MAL25X100-CM	2

将气动元件通过实验工作面板的 T 型槽固定安装在合适位置，用气动软管及快速接头，按照原理图连接各元件进气口和出气口，气源接口在实验台左下侧。待气路连好后，进行电气线路的连接，如图 5-9 所示，其中实线代表气动线路，虚线表示电气线路。将二位四通双电磁换向阀 2 左侧线缆插头与控制面板Ⅲ中对应的电磁阀Ⅰ接口连接，右侧线缆插头与控制面板Ⅲ中对应的电磁阀Ⅱ接口连接；将行程开关 K1 线缆插头与控制面板Ⅳ中对应的电磁阀Ⅱ接口连接，行程开关 K2 线缆插头与控制面板Ⅳ中对应的电磁阀Ⅰ接口连接。

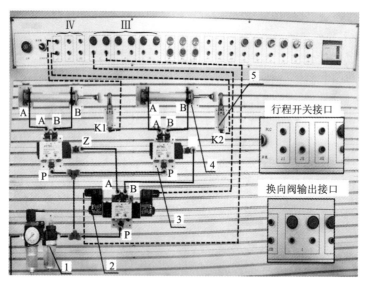

图 5-9 双缸顺序动作回路实验实物连线图
1—气动三联件；2—二位四通双电磁换向阀；3—单气控换向阀；4—单杆双作用气缸；5—行程开关

确认连接安装正确稳妥，把转换开关 2 旋转设置到继电器位置，把气动三联件 1 的调压旋钮放松，按下总停 1，让试验台通电，然后开启气泵，注意观察气动系统有无异常现象，如无异常现象，再次调节气动三联件 1 的调压旋钮，使回路中的压力在系统工作压力以内，观察双缸运动现象。

实验完毕后，先关闭气泵，然后将气动三联件 1 的调压旋钮放松，最后将总停 1 向上拨，待回路压力为零时，拆卸气动回路和电气回路，清理元器件并放回规定的位置。

5.2 昆山同创科教设备有限公司试验台

昆山同创科教设备有限公司产品项目开发完成情况：TC-GY01 型液压传动教学综合实验台，TC-GY02 型智能化液压传动综合测控系统，TC-GY03 比例伺服系统液压传动综合测控系统，TC-QP01 型气动 PLC 控制综合实验台以及 TC-QP02 型"二合一"气动 PLC 控制综合实验台是比较成熟的产品。其中 TC-GY01 型液压传动与 PLC 控制综合实验台以及 TC-QP01 型气动 PLC 控制综合教学实验台是其中两款典型的液压和气动实验设备。

5.2.1 TC-GY01 型液压传动与 PLC 控制综合实验台[①]

TC-GY01 型液压传动与 PLC 控制综合实验台采用最先进的液压元件和新颖的模块设计，构成了插接方便的系统组合。涵盖传感器技术、PLC 控制技术、电工电子技术、自动化技术等。实验设备采用 PLC 控制方式，从学习简单的 PLC 指令编程，梯形图编程，深入到 PLC 控制的应用，与计算机通信、在线调试等实验功能。图 5-10 所示为实验台，包括实验工作面板、油路接口、液压泵站、电气控制面板及液压元件存储柜。这里的油路接口有定量泵输出分油路、定量泵调压回路、变量泵输出溢流阀安全保护回油路、变量泵输出回油路及系统回油油路用 5 个部分；液压泵站有变量叶片泵-电机组合、定量齿轮泵-电机组合、油温计及液压油箱 4 个部分。本书仅对该实验台上与普通液压控制回路实验相关的部分进行介绍。

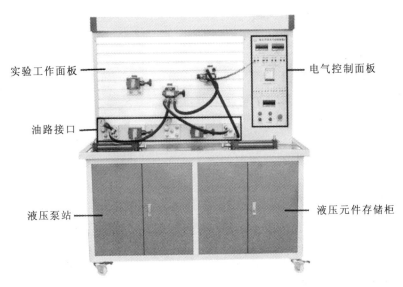

图 5-10 TC-GY01 型液压传动与 PLC 控制综合实验台实物图

1) 主要特点

(1) 柜体采用 SPCC 冷轧板焊成，坚固美观，表面采用中温磷化防锈漆、平光漆，静电

---

① 见 TC-GY01 液压实验台说明书。

喷涂。模块化结构设计，配有安装的底板，实验时可以随意在工业级6063-T5铝合金型材板上，组装回路操作简单方便。

（2）该系统全部采用标准的工业液压元件，使用安全可靠，贴近实际。

（3）快速而可靠的连接方式，特殊的密封接口，保证实验组装随便、快捷，拆接不漏油，清洁干净。

（4）精确的测量仪器，方便的测量方式，使用简单，读数准确。

（5）可编程序控制器（PLC）电气控制，机电液一体控制实验形式。

实验台的电器控制部分为流量二次显示仪表、可编程控制器（PLC）输出区、可编程控制器（PLC）输入区及定量泵变量泵选择区4个部分。其控制面板图如图5-11所示。

2）可以进行的实验

试验台可以进行以下实验：

（1）常用液压元件的性能测试。

（2）液压传动基本回路演示实验。

（3）小孔压力流量特性（液阻）实验。

3）实验台基本操作

这里仍以二次进给工作循环回路为例说明该型试验台的操作流程，以便于与前一种液压实验台进行对比，两者实验原理相同，但采用的元件型号和连线操作方式有所不同。

二次进给工作循环回路实验原理图如图5-12所示。其中油箱1、先导式溢流阀2（带二位二通电磁卸荷阀）和定量泵3已固定安装于内置式液压泵站，其他元件需在实验台上进行拼接。二位二通电磁换向阀起卸荷作用；二位二通电磁换向阀5起选通作用，使液压缸采用两种不同的回油方式，一种是通过节流阀4的回油，此时液压缸进给速度为低速，另一种不通过节流阀4的直接回油方式，与此对应的液压缸进给速度为高速；三位四通双电磁换向阀6的作用是控制液压缸活塞杆的换向。

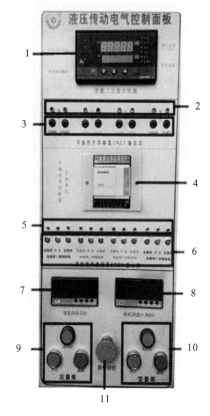

图5-11 控制面板图

1—流量二次显示仪表；2—PLC输出指示灯；3—PLC输出接口；4—PLC主控单元；5—PLC输入接口；6—PLC输入控制按钮；7—电机功率显示器；8—电机转速显示器；9—定量泵控制按钮及显示灯；10—变量泵控制按钮及显示灯；11—急停按钮

当三位四通双电磁换向阀6的电磁铁1YA得电，左位接入，使先导式溢流阀2中的二位二通电磁卸荷阀处于得电状态，二位二通电磁单换向阀5处于失电状态，液压缸有杆腔经过节流阀4回油，活塞杆以低速伸出，速度大小可由节流阀4调节。当二位二通电磁单换向阀5得电后，液压缸有杆腔不经过节流阀4而直接回油，活塞杆快速伸出，从而实现二次工作进给。当活塞杆完全伸出后，三位四通双电磁换向阀6的电磁铁2YA得电，1YA失电，右位接入，二位二通电磁单换向阀5保持得电状态，活塞杆快速退回。当实验中使先导式溢流阀2中的二位二通电磁卸荷阀处于失电状态时，液压泵通过该阀卸荷，欲使液压缸活塞杆外伸或内缩，需首先使先导式溢流阀2中的二位二通电磁卸荷阀得电，解除液压泵卸荷状态，恢复系统压力，该功能是通过操作控制面板上的定量泵系统供压按钮17（见图5-3）实现的。

4）实验步骤

首先看懂实验原理图，然后根据实验原理图选择需要的液压元件，液压元件名称及数量如表5-3所示。检验元件的使用性能是否正常。

将液压元件通过实验工作面板的T型槽固定安装在合适位置，用高压液压软管及快速接头，按照原理图连

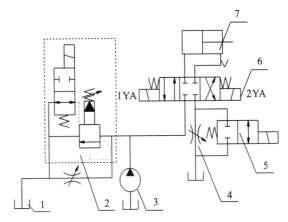

图5-12 二次进给工作循环回路实验原理图
1—油箱；2—先导式溢流阀（带二位二通电磁卸荷阀）；3—定量泵；4—节流阀；5—二位二通电磁单换向阀；6—三位四通双电磁换向阀；7—单杆双作用液压缸
（说明：二位二通可用二位四通替代）

接各元件油口，液压源压力油口在实验台左下侧。待液压油路连好后，进行电气线路的连接，如图5-13所示，其中实线代表液压线路，虚线表示电气线路。将三位四通双电磁换向阀2左侧线缆插头与控制面板Ⅴ（图5-11）中对应的电磁阀Ⅰ的左接口相连，右侧线缆插头与控制面板Ⅴ（图5-11）中对应的电磁阀Ⅰ的右接口相连；将二位二通电磁单换向阀Ⅳ与控制面板Ⅴ（图5-11）中对应的电磁阀Ⅱ的左接口相连。

表5-3 二次进给工作循环回路实验设备

元件名称	型号	数量（个）
节流阀	DV8-1-10B/0303007511	1
二位二通电磁单换向阀	3WE6A61B/CG24N9Z5L	1
三位四通双电磁换向阀	4WE6E61B/CG24N9Z5L	1
单杆双作用液压缸	CJB14-LA40R25*200	1

确认连接安装正确稳妥，在图5-11所示的面板中，按下急停按钮11，让试验台通电，按下控制面板Ⅸ中对应的定量泵系统控制按钮（红色按钮），使泵启动并处于卸荷状态。注意观察液压系统有无异常现象，如无异常现象，接着按下控制面板Ⅸ中对应的定量泵系统供压按钮（绿色按钮），此时液压站开始供压。

按下控制面板Ⅵ（图5-11）中对应的电磁阀Ⅰ的左按钮，观察液压缸运动现象；待活塞杆伸出一段距离后，按下控制面板Ⅵ（图5-11）中对应的电磁阀Ⅱ的左按钮，观察液压缸运动现象；待活塞杆运动到终点后，按下控制面板Ⅵ（图5-11）中对应的电磁阀Ⅰ的右按钮，观察液压缸运动现象。

实验完毕后，先按下控制面板Ⅸ（图5-11）中对应的定量泵系统控制按钮（红色按钮），然后将急停按钮11（图5-11）上拉，待回路压力为零时，拆卸液压回路和电气回路，

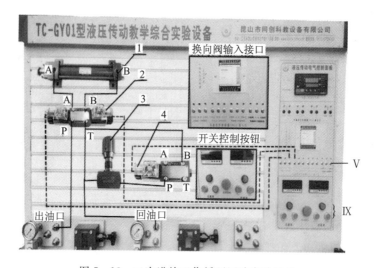

图 5-13 二次进给工作循环回路实验连线
1—单杆双作用液压缸;2—三位四通双电磁换向阀;3—节流阀;4—二位二通电磁单换向阀

清理元器件并放回规定的位置。

5.2.2 TC-QP01 型气动 PLC 控制综合教学实验台[①]

TC-QP01 型气动 PLC 控制综合教学实验台除了可以进行常规的气动基本控制回路实验外,还可以进行模拟气动控制技术应用实验、气动技术课程设计等。实验设备采用 PLC 控制方式,利用 PLC 控制系统与电脑连接,从学习简单的 PLC 指令编程,梯形图编程,深入到 PLC 控制的应用,与计算机通信、在线调试等实验功能。如图 5-14 所示,实验台包括气泵存储柜、实验工作面板、操作面板、工具元件抽屉、气压元件存储柜及气源。本书仅对该实验台上与普通气动控制回路实验相关的部分进行介绍。

1) 主要特点及电气部分简介

(1) 工作台采用 T 型槽结构,可供 2~3 位学生同时进行实验。

(2) 模块化结构设计搭建实验简单、方便,各个气动元件成独立模块,配有方便安装的底板,实验时可以随意在通用铝合金型材板上组装各种实验回路,操作简单、方便。

(3) 可靠的连接接头,安装连接简便、省时。

(4) 标准工业用元器件,性能可靠且安全。

(5) 采用手动、继电器及 PLC 三种控制方式。

(6) 低噪音的工作泵站提供了一个安静的实验环境(噪声 60dB 左右)。

实验台的电器控制部分为电源单元、继电器控制单元、PLC 控制单元和霓虹灯模拟演示单元 4 个部分。其控制面板图如图 5-15 所示。

2) 可以进行的实验

试验台可以进行以下实验:

(1) 常规气动回路演示实验。

---

① 见《TC-QP01 型气动实验台实验手册》。

5 教学实验台介绍

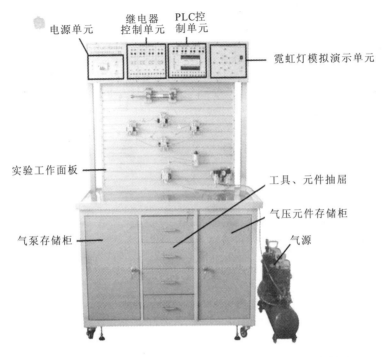

图 5-14 TC-QP01 型气动 PLC 控制综合教学实验台实物图

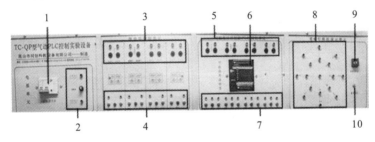

图 5-15 控制面板图

1—电源总开关；2—电源指示灯；3—继电器输出接口及指示灯；4—继电器输入接口及控制按钮；5—PLC 输出接口及指示灯；6—PLC 可编程控制器；7—PLC 输入接口及控制按钮；8—霓虹灯；9—延时设定；10—演示开关

（2）可编程序控制器（PLC）电气控制实验：机-电-气一体控制实验。

3）实验台基本操作流程

这里仍以双缸顺序动作回路为例说明该型试验台的操作流程，以便于与前一种气动实验台进行对比，两者实验原理相同，但采用的元件型号和连线操作方式有所不同。

双缸顺序动作回路实验气压系统原理图如图 5-16 所示，二位四通双电磁换向阀 2 的作用是控制单气控阀的阀位；单气控换向阀 3 的作用是控制气压缸活塞杆伸缩；两个接近开关 5（K1、K2）的作用是控制二位四通双电磁换向阀 2 的阀位。

当二位四通双电磁换向阀 2 得电，左位接入，压缩空气使得左边的单气控换向阀左位接入，压缩空气进入左缸的左腔使得活塞杆向右运动；此时的右缸因为没有气体进入左腔而不能动作。当左缸活塞杆靠近接近开关 K1 时，二位四通双电磁换向阀 2 迅速换向，气体作用于右边的单气控换向阀使其左位接入，压缩空气进入右缸的左腔，活塞杆在压力的作用下向右运动,当活塞杆靠近接近开关 K2 时,二位四通双电磁换向阀 2 又回到左位,从而实现双缸的下一个顺序动作。如此往复循环。

4) 实验步骤

首先看懂实验原理图,然后根据实验原理图选择需要的气动元件,气动元件名称及数量如表 5-4 所示,检验元件的使用性能是否正常。

将气动元件通过实验工作面板的 T 型槽固定安装在合适位置,用气压软管及快速接头,按照原理图连接各元件进气口和出气口,气源接口在实验台左下侧。待气动回路连好后,进行电气线路的连接,如图 5-17 所示,其中实线代表气压线路,虚线表示电气线路。将二

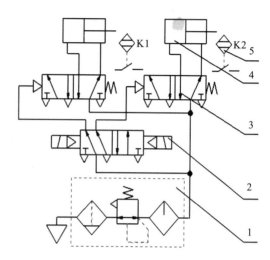

图 5-16 双缸顺序动作回路实验气压系统原理图
1—气动三联件;2—二位四通双电磁换向阀;3—单气控换向阀;4—单杆双作用气缸;5—接近开关

表 5-4 双缸顺序动作回路实验设备

元件名称	型号	数量(个)
气动三联件	AL1500	1
二位四通双电磁换向阀	4V130C-06	1
单气控换向阀	4A110-06	2
接近开关	J3-D4C1	2
单杆双作用缸	MA20X100-S-CA	2

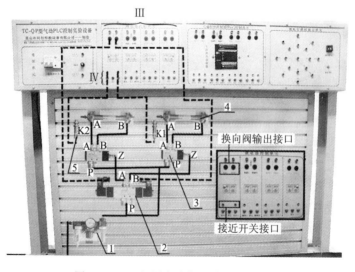

图 5-17 双缸顺序动作回路实验实物图
1—气动三联件;2—二位四通双电磁换向阀;3—单气控阀;4—单杆双作用缸;5—接近开关

位四通双电磁换向阀 2 左侧线缆插头与控制面板Ⅲ（图 5-15）中对应的电磁阀Ⅰ的左接口相连接，右侧线缆插头与控制面板Ⅲ（图 5-15）中对应的电磁阀Ⅱ的右接口相连接；将接近开关 K1 线缆插头与控制面板Ⅳ（图 5-15）中对应的右边接口相连接，接近开关 K2 线缆插头与左边接口相连接。

确认连接安装正确稳妥，把气动三联件 1 的调压旋钮放松，将电源总开关 1 向上拨，让试验台通电，开启气泵。待泵工作正常，注意观察气动系统有无异常现象，如无异常现象，再次调节三联件的调压旋钮，使回路中的压力在系统工作压力以内，观察双缸运动现象。

实验完毕后，关闭气泵，把气动三联件 1 的调压旋钮放松，将电源总开关 1（图 5-15）向下拨，待回路压力为零时，拆卸气动回路和电气回路，清理元器件并放回规定的位置。

参考文献

成大先. 机械设计手册 液压传动 [M]. 5版. 北京：化学工业出版社，2010.
杜玉红，杨文志. 液压与气动传动综合实验 [M]. 武汉：华中科技大学出版社，2009.
汉学军，宋锦春，陈立新. 液压与气动传动实验教程 [M]. 北京：冶金工业出版社，2008.
马恩，李素敏，高佩川. 液压与气压传动 [M]. 北京：清华大学出版社，2006.
苏杭，刘延俊. 液压与气压传动学习及实验指导 [M]. 北京：机械工业出版社，2006.
王益群，高殿荣. 液压工程师技术手册 [M]. 北京：化学工业出版社，2010.
杨曙光，何存兴. 液压传动与气压传动 [M]. 3版. 武汉：华中科技大学出版社，2008.
张红俊，熊光容. 液压传动习题与实验实训指导 [M]. 武汉：华中科技大学出版社，2009.
张萌，康红梅. 液压与气压传动 [M]. 武汉：华中科技大学出版社，2015.